JN056190

食料品アクセス問題と
食料消費，健康・栄養

高橋 克也 編著

筑波書房

はじめに

高橋 克也

　本書の目的は，我が国の食料品アクセス問題の現状と将来を多角的に検証することである。現在，食料品アクセス問題とは日常的な買い物といった流通経済上の問題にとどまらず，個人の健康や地域の存続にも関わる広範囲にわたる複雑な問題となっている。筆者らが食料品アクセス問題を研究対象にしておよそ10年が経過し，この間に多方面での研究蓄積とともに実際に食料品アクセス問題の現場では様々な取り組みや対策が採られてきた。定量的空間的に推計された食料品アクセスマップはその基礎的指標として活用されるとともに，各種データや調査との関連や検証でも応用されてきた。

　本書はこれら研究成果の一部分であるが，その接近方法としてマクロ・ミクロといった規模や範囲の視点とともに，食料の需要・供給といった両面からの検証を行っている。ここでマクロとは全国や大規模なデータを対象にした分析であり，ミクロとは地域（ローカル）や住民・個人の視点からの分析である。

　同時に，食料の需要とは住民・個人にとって食料消費そのものであり，最終的には食品摂取や栄養に帰結する。また，供給とは食料へのアクセス条件としての店舗や距離といった物理要因であるが，同時に住民・個人を起点にすれば食料品アクセスは「食環境」の重要な要素としてとらえられる。したがって，食料品アクセス問題における食品摂取や健康とは食環境の評価としての側面を持つとともに，食環境の整備が食料品アクセス問題の解決に大きな示唆を与えてくれる。

　本書の各章はこれらマクロ・ミクロ，および需要（消費）・供給（食環境）を座標軸として構成している（図1）。

　第1部（食料消費の動向と食品摂取）は，食料品アクセス問題の前提となるマクロおよび需要面からの分析であり，第1章「食料消費の現在と将来見

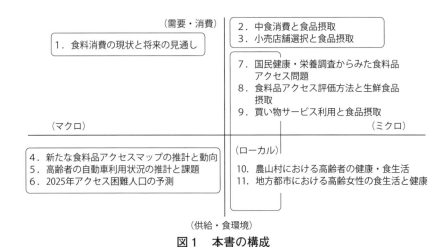

（需要・消費）

1．食料消費の現状と将来の見通し

2．中食消費と食品摂取
3．小売店舗選択と食品摂取

7．国民健康・栄養調査からみた食料品アクセス問題
8．食料品アクセス評価方法と生鮮食品摂取
9．買い物サービス利用と食品摂取

（マクロ）

（ミクロ）

4．新たな食料品アクセスマップの推計と動向
5．高齢者の自動車利用状況の推計と課題
6．2025年アクセス困難人口の予測

（ローカル）
10．農山村における高齢者の健康・食生活
11．地方都市における高齢女性の食生活と健康

（供給・食環境）

図1　本書の構成

通し」では，家計調査等の公的統計をもとに我が国の食料消費の現状を明らかにするとともに，今後高齢化が進行する将来の食料消費について具体的な食品群別に予測している。第2章「中食消費と食品摂取」は食料消費の前段階にある食事形態に着目し，なかでも近年拡大の著しい中食が個人の最終的な食品群および栄養素摂取に及ぼす影響についてネット調査をもとに検討を加えた。第3章「小売店舗選択と食品摂取」では，全国を対象にした大規模調査から，食料品を購入する小売店舗の選択と食品摂取の関係について選択の同時性を考慮した分析を行っている。

　第2部（食料品アクセスマップの推計）はマクロおよび供給視点から食料品アクセスマップに関連した分析であり，第4章「新たな食料品アクセスマップの推計と動向」では，新たな食料品アクセスマップの推計概要とともに，アクセス困難人口の動向について年齢階層や地域別にその動向を探る。第5章「高齢者の自動車利用状況の推計と課題」では，食料品アクセスマップの基礎となる高齢者の自動車の利用実態について年齢階層別および都道府県別の推計を行う。第6章「2025年アクセス困難人口の予測」では，都道府県別のアクセス困難人口の変化率に将来推計人口を外挿し，将来的なアクセス困難人口を予測している。

　第3部（食料品アクセスと健康・栄養）では，食料品アクセスと健康・栄養の関連を中心としており，食料品アクセスが最終的に個人の食品摂取や健康・栄養に帰結するといった問題意識からの分析である。第7章「国民健康・栄養調査からみた食料品アクセス問題」では，国民の身体や栄養摂取量状況を示す代表的統計である厚生労働省『国民健康・栄養調査』の個票データから，食料品アクセスと具体的な食品群・栄養素摂取の関連を計量経済学的手法によりあきらかにしている。第8章（食料品アクセスの評価方法と生鮮食品摂取）は食料品アクセスマップを応用した分析であり，店舗までの距離といった客観的評価と住民自身による店舗数といった主観的評価が野菜・果物，肉・魚の摂取頻度に関連するかを全国規模の詳細な大規模データの分析からあきらかにしている。第9章「買い物サービス利用と食品摂取」では，全国を対象とした調査とともに食料品アクセスマップを応用し，買い物サービスの利用が食品摂取の多様性に及ぼす影響について分析を行っている。

　第4部（食料品アクセスと住民の健康）では，地域住民の視点から食料品アクセスと食生活や健康の関連をあきらかにし，第10章「農山村における高年齢者の健康・食生活」は，農山村地域を焦点に高齢者の食品摂取頻度調査から，食料品アクセスと健康や食生活の関連をあきらかにしている。一方，第11章「地方都市における高齢女性の食生活と健康」では地方都市の中心市街地を対象に，新規出店した食料品スーパーが食品摂取に与える影響を分析している。終章では本書全体を総括するとともに食料品アクセス問題の残された課題と展望について述べる。

　最後に、この様な専門書の出版を快諾いただいた筑波書房の鶴見社長に心から感謝したい。また、著者や研究チームのメンバーとともに科学研究費の共同研究者の皆様、サポートいただいた各所属機関の皆様にも御礼を申し上げる次第である。

　なお，本書の初出論文は以下の通りである（次項）。ただし，いずれも大幅に加筆・修正している。

初出一覧

第1章　書き下ろし。

第2章　八木浩平・高橋克也・薬師寺哲郎・伊藤暢宏（2020）「多様な中食消費と個人特性，食品群・栄養素摂取の関係―カテゴリカル構造方程式モデリングによる分析―」『農林水産政策研究』32：1-16。

第3章　伊藤暢宏・菊島良介・高橋克也（2019）「食料品購買チャネル選択と食料品摂取の関係―選択の同時決定性を考慮したアプローチ―」『フードシステム研究』25（4）：245-250。

第4章　高橋克也（2018）「食料品アクセス問題の現状と今後―「平成27年国勢調査」に基づく新たな食料品アクセスマップの推計から―」『フードシステム研究』25（3）：119-128。

第5章　薬師寺哲郎（2017）「高齢者の自動車利用状況の推計」『食料品アクセス問題の現状と課題―高齢者・健康・栄養・多角的視点からの検討―』食料供給プロジェクト研究資料第3号，農林水産政策研究所：87-113。

第6章　書き下ろし。

第7章　菊島良介・高橋克也（2020）「国民健康・栄養調査からみた食料品アクセスと栄養および食品摂取：代替・補完関係に着目して」『日本公衆衛生雑誌』67（4）：261-271。

第 8 章　Yamaguchi, M, Takahashi, K, Hanazato, M, Suzuki, N, Kondo, K, Kondo, N.（2019）Comparison of Objective and Perceived Access to Food Stores Associated with Intake Frequencies of Vegetables/Fruits and Meat/Fish among Community-Dwelling Older Japanese. *Int J Environ Res Public Health*, 16: pii: E772.

第9章　菊島良介・高橋克也（2018）「食料品アクセス問題における買い物サービス利用が食品摂取の多様性に及ぼす影響 ―農林水産情報交流ネッ

トワーク事業全国調査結果の分析―」『農林水産政策研究』29：29-42。

第10章　山口美輪（2017）「食料品アクセスと高齢者の健康・栄養」『食料品
アクセス問題の現状と課題 ―高齢者・健康・栄養・多角的視点からの検
討―』食料供給プロジェクト研究資料第3号、農林水産政策研究所：17-
30。

第11章　大橋めぐみ・高橋克也・菊島良介・山口美輪・薬師寺哲郎（2017）
「高齢女性の食料品アクセスが食生活と健康におよぼす影響の分析―地方
都市中心市街地における食品スーパー開店後の住民調査より―」『フード
システム研究』（24）2：61-71。

終章　書き下ろし。

目　次

第1部

食料消費の動向と食品摂取

第1章
食料消費の現状と将来見通し

八木 浩平・薬師寺 哲郎

1. はじめに

　我が国では，女性の社会進出や核家族化，所得の向上といった社会の変化により，調理を家庭で行わず，調理済みの惣菜・弁当（中食）や外食を消費する食の外部化の傾向が見られる。こうした食の外部化の規定要因については，世帯規模の縮小による調理活動での規模の経済性の減退や，女性の社会進出等で多忙となることによる調理の機会費用の上昇，所得水準の上昇などが指摘されてきた（茂野 2004; 草苅 2006）。図1で示す食の外部化率（外食や惣菜等の市場規模を食料・飲料支出額計で除した％）を見ると，1975年の28.4％から2007年の45.6％まで伸びた後減少し，2015年には43.9％となっている。一方で外食率に絞ると，1975年の27.8％から1997年の39.7％まで伸び，

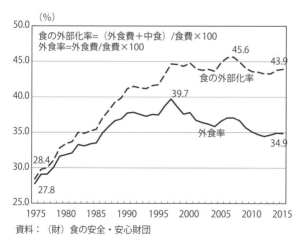

資料：（財）食の安全・安心財団

図1　外食率と食の外部化率の推移

その後は減少している（註１）。

　現在，我が国では少子高齢化が急速に進んでおり，国立社会保障・人口問題研究所の推計に依ると，2035年には全人口に占める65歳以上割合が32.8％を占め（2015年26.6％），14歳以下の割合は10.8％に低下する（同12.5％）など（註２），今後更なる少子高齢化の進展が予想されている。また，世帯構成では単身世帯が大幅に増加する見込みである。全世帯のうち単身世帯が占める割合は2015年34.5％から，2035年には38.7％に増加すると予想されている（註３）。

　それでは，こうした食の外部化や少子高齢化，単身世帯の増加といった社会環境の変化により，我が国の食生活はどのように変化するのだろうか。**図2**は，総務省『家計調査』による2018年における２人以上世帯の世帯主の年齢階層別１人当たり年間食料品（４品目）支出額である。世帯主の年齢が高いほど，米や生鮮野菜といった生鮮食料品や主食的調理食品への支出が大きい一方で，外食への支出は小さい。一方で，若年層では生鮮食料品の支出は小さく，外食の支出は大きいと言う逆の傾向が示されている。この様に，年齢階層によって各食品の消費の傾向が異なるため，今後の高齢者人口の増加は，我が国の食生活の内容も変化させる可能性がある。また**図3**は，食費に占める調理食品および外食への支出割合を，２人以上世帯と単身世帯で比較したものである。いずれも単身世帯においてこれらの品目への支出割合が高く，単身世帯で食の外部化傾向が強いことが分かる。単身世帯の増加も，品目別の食料支出の構成に対して影響を及ぼす可能性がある。

　こうした現状の下，本章では一定の仮定の下で，世帯単位の食料費支出の

（註１）**図1**の数字は，内閣府「国民経済計算」や，日本フードサービス協会の推計による外食市場規模と料理品小売業市場規模を用いて計算しており，本稿でよく使う総務省「家計調査」とは異なるデータである点に留意が必要である。
（註２）国立社会保障・人口問題研究所「日本の将来推計人口（平成29年推計）」の出生中位（死亡中位）推計に依る。
（註３）同「日本の世帯数の将来推計（全国推計）」（2018（平成30）年推計）に依る。

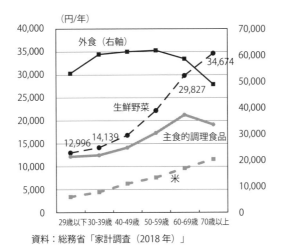

資料：総務省「家計調査（2018年）」

図2　世帯主の年齢階層別1人当たり年間支出額（2人以上世帯）

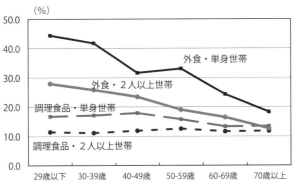

資料：総務省「家計調査（2014年）」，総務省「全国消費実態調査（2014年）」

図3　世帯主の年齢階層別の食費に占める割合

変化の分析を基礎にして，単身世帯の増加や高齢化の下での2025年および2035年といった将来の食料消費を展望する（註4）。

（註4）今回の推計は，あくまで家計での支出額を対象としている点に留意されたい。実際には，政府や企業等での家計外での消費や，外食や中食の原料として使用される食用農水産物がある。

2．将来見通しの推計方法の概要

1）基本的な考え方

　図2で示すように，総務省『家計調査』の2018年における2人以上世帯の生鮮野菜への1人当たり年間支出額は，世帯主の年齢が29歳以下で12,996円，30-39歳で14,139円であるのに対し，60-69歳で29,827円，70歳以上で34,674円と高齢世帯で支出額が高くなっている。それでは，単純に高齢者が増えれば我が国全体の生鮮野菜の消費が増えるのだろうか。この問題を考える時，単純に年齢階級別人口構成の変化で見るのでなく，次の3つの効果に分けて検証する必要がある。

　第一に，少子高齢化に伴う人口構成の変化による「加齢効果」である。例えば，若い人が歳をとると，消費志向が変化し得る。同じ人でも，20歳の時と60歳の時では消費志向は異なるであろう。前述の生鮮野菜の例で見れば，加齢効果だけを考えた場合，今後少子高齢化によって高齢世帯が増え，生鮮野菜への支出額は増加することになる。

　第二に，生まれ年が同じグループごとの消費者の志向の違いとしての，「コーホート効果」である。例えば同じ20歳でも，1970年生まれと2000年生まれの消費志向は違うであろう。先述の図2の生鮮野菜の例について，世帯主の年齢を生まれ年で置き換えると，1948年以前の生まれ（70歳以上）で34,674円，1949-1958年生まれ（60-69歳）で29,827円であるが，1979-1988年生まれ（30-39歳）で14,139円，1989年以降生まれ（29歳以下）が12,996円となる。すなわち，若年世代ほど生鮮野菜への支出額が小さいため，今後，更なる高齢化の進展によっては，我が国全体の生鮮野菜への支出額は減少するとみられる。現実には，先述の加齢効果とコーホート効果は両方が作用し，共存していると考えられることから，それらの効果をそれぞれ加味した推計が求められる。

　第三に，時代の違いによる「時代効果」である。1990年の消費志向と2010年の消費志向は，異なるであろう。時代ごとの特性も，加味する必要がある。

　このような考え方を踏まえ，本節での将来見通しでは，ある年齢階級，ある年におけるある品目の食料消費は，加齢に伴う加齢効果，出生年の違いによるコーホート効果，時代の変化による時代効果の前述の 3 つの効果と，加えて家計の消費支出や品目ごとの価格によって決まると仮定する。その上で，過去のデータをもとに 3 つの効果や消費支出，品目ごとの価格が消費に及ぼす影響を説明するモデルを構築し，そのモデルに将来の値を代入することで，将来の食料消費の見通しを推計する。

　なお，本来，これらは消費する個々人について把握し，検討すべきものであるが，ここでは『家計調査』等から世帯主年齢階級別の世帯単位のデータを用いる。家庭における食料品購入の多くは，個々の世帯員が別々に行うのではなく，主に調理する主婦などがまとめて行うことを考慮すると，世帯単位のデータを用いることも許容されると考える。このため，以下における加齢効果，コーホート効果は個々の世帯員についての効果ではなく，それぞれ，世帯員の属する家庭の世帯主の加齢に伴う効果，出生年の違いによる効果となる。この結果，加齢効果には，加齢に伴う嗜好の変化のみならず，出産，子供の成長，独立などの家族構成の変化やライフステージの変化に伴う 1 人当たり消費量の変化も含まれることになる。その意味では，ここでの加齢効果は「ライフステージ効果」ともいうべき性格を持っていると言える（薬師寺 2015）。

2）推計方法の概要

　推計は，単身世帯と 2 人以上世帯それぞれ別に行った（註 5）。利用したデータは，『家計調査』（総務省），『全国消費実態調査』（同），『消費者物価指数』（同），『日本の世帯数の将来推計（全国推計）』（2018（平成30）年推計）（国立社会保障・人口問題研究所），『日本の将来推計人口（平成29年推計）』（同）である。2 人以上世帯は『家計調査』（総務省）を，単身世帯は『全国消費

（註 5）より詳細な推計方法については，薬師寺（2015）や薬師寺（2017）を参照されたい。

実態調査』（同）のデータを基に推計している（註6）。いずれも『消費者物価指数』（同）を用いて2015年価格に実質化すると共に，2人以上世帯については世帯員数で除して世帯員1人当たり実質支出額を用いた。

　推計の手順は，次の通りである。
【ステップ1】
　品目ごとに，世帯類型別年齢階層別の過去の1人当たり実質支出額を，コーホート効果，時代効果，加齢効果，消費支出要因，価格要因で説明するモデルを構築する。
【ステップ2】
　ステップ1で推計したモデルに将来の値を当てはめ，世帯類型別年齢階層別に将来の1人当たり実質支出額を推計する。なお，将来の値を当てはめる際には，次の前提を仮定した。
①今後新たに最低年齢階級に入ってくるコーホートのコーホート効果は不明であるため，現在の最低年齢階級と等しいとした。
②時代効果については，係数の明確な上昇，下降トレンドがある場合にはそれに応じて将来の時代効果の係数を変化させた。
③消費支出については，"OECD Economic Outlook No.103" における実質GDP成長率の予測値を用いた。
④価格については，2015年水準のまま固定した。

（註6）概して高齢世帯ほど購入品目の価格が高いため，品目分類のデータを用いて，可能な範囲で，世帯主年齢階級間価格差による支出額格差を補正し，平均価格での評価とした。ただし，数量データのない外食については1回当たりの金額（金額/頻度）で補正した。外食は，サービスであり，他の品目と異なりまとめ買いができないため，頻度を数量の代用とした。財についてはまとめ買いができるので，数量データがない場合に頻度を数量の代用と考えるわけにはいかない。調理食品，菓子類はその分類に属する品目全てで年齢階級別の価格が得られないため補正していない。単身世帯については，支出額のデータしかないので，2人以上世帯における年齢階級間価格差を適用した。

⑤学校給食（２人以上世帯のみ）に対する支出は，他の品目とは異なり，世帯主のコーホートおよび加齢，時代，価格，消費支出に依存するとは考えられないため，児童数の変化に比例させた。

【ステップ３】

　算出した世帯類型別年齢階層別の１人当たり実質支出額に，『日本の世帯数の将来推計（全国推計）』（2018（平成30）年推計）（国立社会保障・人口問題研究所）を基に推計した１世帯当たり世帯員数と世帯数を乗じて，全体変化率や１人当たり変化率を算出する。

３．30品目の将来見通し

　図４から図６で，家計調査における食料に関する中分類30品目について，世帯類型別の品目別食料支出割合の推移を示す。

　２人以上世帯における品目別食料支出割合では，外食や調理食品への支出

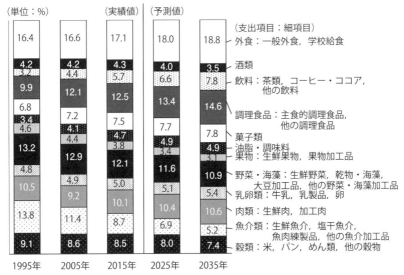

資料：筆者推計による。

図４　品目別食料支出割合（２人以上世帯）

9

割合が増加傾向にあることが分かる（図4）。2015年に17.1％であった外食の支出割合は，2035年に18.8％まで伸びる見通しである。また，2015年に12.5％であった調理食品の支出割合は，2035年には14.6％まで伸びる。この他，飲料や菓子類，油脂・調味料，乳卵類，肉類等の支出割合が伸びる見通しであるが，酒類や果物，野菜・海藻，魚介類，穀類に対する支出割合は減少傾向にあることが分かる。

　一方で，単身世帯では外食の支出割合が大きく減少することが示されている。（図5）。2015年に31.6％であった単身世帯の外食への支出割合は，2035年に23.2％まで減退する見通しである。他方，調理食品は2015年の15.3％から2035年の20.9％へ伸びる見通しである。この様に，単身世帯の外食に対する支出割合は大きく減少する見通しであり，食の外部化が世帯類型では一様でない状況が窺える。この他，2035年では2015年と比較して飲料や菓子類，油脂・調味料，野菜・海藻，乳卵類，肉類，穀類への支出割合が増加する。

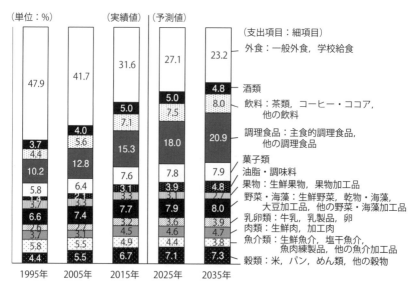

図5　品目別食料支出割合（単身世帯）

一方で，酒類や果物，魚介類への支出割合は減退する見通しである。

　以上を合算した「全世帯平均」の品目別食料支出割合では，外食への支出割合が2015年の20.5％から2035年の20.1％へ微減する一方で，調理食品は13.2％から16.5％まで大きく伸びる（図6）。この他，飲料や菓子類，油脂・調味料，乳卵類への支出割合が伸びるが，酒類，果物，野菜・海藻，魚介類，穀類への支出割合が減退する見通しである。特に，果物，野菜・海藻，魚介類，穀類といった家庭での調理が必要な品目が減退する見通しであり，今後も，食の外部化が進展し得ることが分かる。その内訳を見ると，調理食品や菓子類，油脂・調味料といった加工食品に対する支出割合が伸びる一方で，外食に対する支出割合が減少傾向にある様子が窺える。この点では，国内の農林水産業においても，こうした中食・加工食品向けの供給を強化する必要があると言えよう。

　続いて，世帯類型別，世帯主の年齢階層別の食料支出構成割合の変化を図

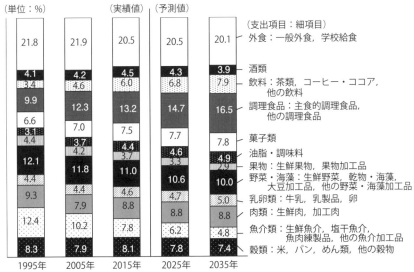

資料：筆者推計による。

図6　品目別食料支出割合（全世帯平均）

（単位：%）

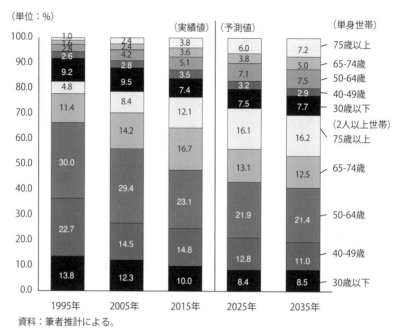

資料：筆者推計による。

図7　世帯主の年齢階層別食料支出構成割合

7で示す。まず**図7**から，世帯類型別では単身世帯の食料支出構成割合が大きく増加し，各年齢階層の構成割合を合計すると2015年の23.4％から2035年には30.4％まで伸びる見込みであることが分かる。また，世帯主が65歳以上の世帯の支出割合も増加する。単身世帯と2人以上世帯の世帯主が65歳以上の世帯の支出割合は，合計すると2015年の36.2％から2035年には40.9％まで伸びる見込みである。このように，今後は高齢・単身世帯の食料支出割合が伸びる見通しであり，そうした世帯のニーズに則した食料品の供給も求められることとなる。

　また，世帯類型別の品目別食料支出割合を全世帯の品目別食料支出割合で除した特化係数を提示する（**表1**）。特化係数とは，その値が高いほど各品目がその世帯類型でより高い割合で消費されていることを示す。表から，米や魚介類，牛乳，乳製品，野菜類，果物類など家庭で多く消費される品目に

表1　世帯主の年齢階層別支出の特化係数

		年	2人以上世帯（歳）					単身世帯（歳）				
			~29	30~39	40~49	50~64	65~	~29	30~39	40~49	50~64	65~
001	米	2015	0.617	0.767	0.911	1.078	1.256	0.478	0.244	0.403	0.773	1.364
		2035	0.574	0.780	0.942	1.061	1.101	0.531	0.320	0.690	1.151	1.227
002	パン	2015	0.965	1.144	1.140	1.030	0.983	0.883	0.886	1.086	0.732	0.789
		2035	0.875	1.051	1.047	0.955	0.984	0.992	1.006	1.364	1.049	0.942
003	めん類	2015	1.167	1.125	1.108	1.046	0.942	0.956	0.873	1.185	0.925	0.729
		2035	1.095	1.072	1.080	0.993	0.960	0.911	0.857	1.271	1.125	0.908
004	他の穀類	2015	0.949	1.050	1.105	1.043	1.170	0.752	0.922	0.381	0.513	0.749
		2035	0.653	0.875	1.258	1.175	0.975	0.577	1.478	1.399	1.133	0.482
005	生鮮魚介	2015	0.685	0.642	0.793	1.103	1.481	0.195	0.260	0.348	0.687	1.023
		2035	0.698	0.709	0.857	1.019	1.371	0.256	0.380	0.553	0.860	1.068
006	塩干魚介	2015	0.661	0.693	0.754	1.084	1.480	0.273	0.149	0.274	0.743	1.115
		2035	0.739	0.833	0.854	1.057	1.473	0.215	0.174	0.463	0.747	0.853
007	魚肉練製品	2015	0.523	0.585	0.743	1.129	1.504	0.163	0.334	0.355	0.695	1.037
		2035	0.592	0.641	0.666	0.872	1.455	0.202	0.396	0.395	0.881	1.395
008	他の魚介加工品	2015	0.579	0.621	0.727	1.063	1.434	0.340	0.319	0.408	0.884	1.241
		2035	0.608	0.661	0.720	0.914	1.350	0.359	0.360	0.426	0.708	1.554
009	生鮮肉	2015	1.126	1.179	1.315	1.197	1.033	0.472	0.401	0.433	0.450	0.592
		2035	1.157	1.261	1.443	1.324	1.107	0.388	0.419	0.638	0.505	0.377
010	加工肉	2015	1.177	1.204	1.228	1.179	0.976	0.541	0.540	0.607	0.602	0.715
		2035	1.163	1.158	1.105	1.062	1.039	0.689	0.731	0.813	0.671	1.023
011	牛乳	2015	0.908	1.060	1.044	0.987	1.218	0.416	0.442	0.424	0.670	1.127
		2035	0.787	0.913	0.930	0.935	1.273	0.436	0.472	0.483	0.775	1.226
012	乳製品	2015	1.226	1.134	1.015	1.076	1.114	0.497	0.607	0.564	0.804	0.887
		2035	1.299	1.006	0.759	1.015	1.316	0.497	0.559	0.466	0.771	0.985
013	卵	2015	0.977	1.009	1.082	1.118	1.124	0.500	0.537	0.561	0.691	0.883
		2035	0.916	0.955	1.036	1.083	1.132	0.464	0.627	0.944	0.959	0.884
014	生鮮野菜	2015	0.804	0.818	0.861	1.065	1.331	0.350	0.450	0.432	0.689	1.143
		2035	0.792	0.890	0.964	1.094	1.254	0.340	0.551	0.695	0.785	0.930
015	乾物・海藻	2015	0.512	0.758	0.826	1.031	1.449	0.158	0.159	0.405	0.698	1.239
		2035	0.496	0.772	0.811	0.923	1.270	0.141	0.211	0.871	1.072	1.383
016	大豆加工品	2015	0.831	0.867	0.902	1.092	1.317	0.409	0.377	0.481	0.723	0.922
		2035	0.784	0.870	0.945	1.083	1.273	0.387	0.442	0.782	0.946	0.877
017	他の野菜・海藻加工品	2015	0.520	0.635	0.726	1.116	1.416	0.232	0.285	0.542	0.778	1.231
		2035	0.567	0.715	0.697	0.882	1.273	0.271	0.399	0.914	1.029	1.494
018	生鮮果物	2015	0.494	0.593	0.625	0.920	1.478	0.279	0.388	0.357	0.865	1.813
		2035	0.573	0.767	0.776	0.876	1.371	0.343	0.467	0.341	0.583	1.535
019	果物加工品	2015	0.442	0.618	0.756	1.101	1.405	0.380	0.550	0.592	0.733	1.101
		2035	0.502	0.639	0.621	0.845	1.400	0.423	0.646	0.703	0.781	1.466
020	油脂	2015	1.051	0.958	1.073	1.124	1.223	0.418	0.330	0.527	0.584	0.773
		2035	1.118	0.984	1.037	1.102	1.400	0.305	0.305	0.623	0.515	0.676
021	調味料	2015	0.953	0.958	0.997	1.092	1.169	0.541	0.536	0.588	0.714	0.977
		2035	0.842	0.884	0.904	0.956	1.060	0.682	0.793	1.122	1.177	1.143
022	菓子類	2015	1.286	1.111	1.086	0.974	0.922	0.921	0.849	0.972	1.027	1.118
		2035	1.260	1.157	1.128	0.928	0.941	0.762	0.726	0.887	1.015	1.199
023	主食的調理食品	2015	0.820	0.826	0.839	0.927	0.885	1.636	1.836	1.759	1.315	0.945
		2035	0.814	0.859	0.821	0.841	0.940	1.481	1.562	1.428	1.364	1.037
024	他の調理食品	2015	0.844	0.840	0.931	1.081	1.050	0.766	0.730	0.987	1.057	1.131
		2035	0.792	0.827	0.821	0.862	0.951	0.812	0.847	1.325	1.412	1.424
025	茶類	2015	0.786	0.811	0.825	0.956	0.968	1.792	1.080	1.664	1.142	0.998
		2035	0.668	0.809	0.977	1.064	0.910	1.350	0.964	1.820	1.162	0.859
026	コーヒー・ココア	2015	0.755	0.867	0.889	0.957	0.772	1.224	2.152	2.124	1.573	0.891
		2035	0.649	0.638	0.664	0.893	0.846	1.257	2.173	1.948	1.596	1.106
027	他の飲料	2015	1.268	1.139	1.068	1.020	0.888	1.034	1.350	1.302	0.904	0.764
		2035	1.437	1.249	1.043	1.053	1.122	0.894	0.933	0.601	0.728	0.704
028	酒類	2015	0.543	0.804	0.868	1.066	1.001	0.614	0.639	1.994	1.468	0.977
		2035	0.443	0.532	0.600	1.032	1.040	0.628	0.634	1.857	1.543	1.254
029	一般外食	2015	1.454	1.225	1.025	0.807	0.541	2.361	2.243	1.623	1.541	0.993
		2035	1.435	1.186	1.104	1.031	0.666	2.212	1.913	1.002	0.932	0.824
030	学校給食	2015	0.609	2.635	2.797	0.391	0.073	-	-	-	-	-
		2035	0.383	2.990	3.241	0.430	0.081	-	-	-	-	-

註．各セルの塗りつぶしの色は濃い順に、特化係数が2以上、1.2以上、1.1以上、1.0以上であることを示す。

ついて，2人以上世帯，単身世帯ともに世帯主が65歳以上の世帯で高い割合で消費されていることが分かる。また，主食的調理食品や他の調理食品は，単身世帯で高い割合で消費されている。一般外食については，若年層でより高い割合で消費されている。図7で示したように，今後，高齢単身世帯の食料支出割合が拡大する見込みであり，特に単身世帯で調理食品が好まれていることから，単身世帯の増加が食の外部化の要因になり得る点が分かる。一方で，既述の通り米や魚介類等で高齢世帯の特化係数が高く，高齢世帯の増加が我が国の生鮮食料品の需要増加に寄与する効果があると考えられる。

4．主要品目の要因分解

　続いて，これまで紹介した過去から将来までの食料消費支出の推移，とりわけ食の外部化が，どういった要因によって進んでいくのかを整理する。ここで，全品目の結果を説明するのは冗長となるため，生鮮食料品の代表として米と生鮮魚介，中食の代表として主食的調理食品，外食として一般外食の4品目について，消費の変化の要因を分解した結果を紹介する。

　表2は，上記4品目の2015年から2035年までの変化の要因分解を行ったものである。まず米については，2人以上世帯でも単身世帯でも，世帯主の出生年の影響であるコーホート効果や時代効果が大きくマイナスに寄与している。簡便化志向の高まりなど，時代の移り変わりによる影響が消費減に繋がるようである。一方，経済成長による消費支出の拡大や高齢者割合の増加，単身世帯の増加はいずれもプラスに寄与している。ただし，コーホート効果や時代効果によるマイナスの影響が大きく，1人当たり変化率は全世帯平均で-25.0％となる見込みである。

　続いて生鮮魚介を見ると，こちらもコーホート効果と時代効果による減少幅がかなり大きく，簡便化志向等の時代環境の変化の影響がより強く見られた。消費支出や高齢者割合の増加，単身世帯の増加はいずれもプラスに寄与するものの，こちらも時代効果やコーホート効果といった時代環境の変化が

表2　変化の要因分解（2015年→2035年）

（単位：%）

		全体変化率	1人当たり変化率							世帯人口増加率	交絡項
				コーホート	時代	消費支出	高齢者割合増加	単身世帯増加	交絡項		
001 米	2人以上世帯	-42.7	-32.0	-11.5	-31.7	3.8	2.7	0.0	4.6	-15.7	5.0
	単身世帯	5.3	-9.5	-5.3	-15.5	4.1	11.8	0.0		16.4	-1.6
	全世帯平均	-33.9	-25.0	-10.4	-28.7	3.8	4.9	2.1	3.3	-11.9	3.0
005 生鮮魚介	2人以上世帯	-52.1	-43.2	-20.3	-41.3	4.5	3.8	0.0	10.2	-15.7	6.8
	単身世帯	-9.2	-22.1	-16.0	-18.9	4.9	12.9	0.0	-4.9	16.4	-3.6
	全世帯平均	-46.1	-38.9	-19.7	-38.2	4.5	5.5	0.7	8.4	-11.9	4.6
023 主食的調理食品	2人以上世帯	15.3	36.7	-8.5	48.2	8.6	1.7	0.0	-13.3	-15.7	-5.7
	単身世帯	51.4	30.0	-5.4	26.2	9.3	-6.1	0.0	6.1	16.4	4.9
	全世帯平均	27.0	44.2	-7.5	41.0	8.8	-1.4	6.7	-3.5	-11.9	-5.3
029 一般外食	2人以上世帯	1.6	20.5	0.8	11.0	10.1	-1.3	0.0	-0.1	-15.7	-3.2
	単身世帯	-5.8	-19.1	-23.6	0.0	11.0	-6.1	0.0	-0.5	16.4	-3.1
	全世帯平均	-1.2	12.1	-8.5	6.9	10.4	-3.5	8.4	-1.7	-11.9	-1.4

減少に大きく寄与していた。このように，米や生鮮魚介といった生鮮食料品は高齢者ほどよく消費するため，高齢者割合の増加によるプラスの影響は見られるものの，それ以上に時代環境の変化によるマイナス幅が大きい様子が窺えた。

　中食の代表である主食的調理食品を見ると，単身世帯および2人以上世帯ともコーホート効果がマイナスの影響を及ぼしていた。また，高齢者割合の増加については，2人以上世帯で1.7％のプラスの影響がある一方で，単身世帯ではマイナスに寄与していた。それ以外の，時代効果や消費支出，単身世帯の増加はいずれもプラスに寄与している。特に時代効果によるプラスの影響はかなり大きく，時代を経ることによる簡便化志向等の高まりが，消費を押し上げる傾向にある点が窺えた。

　最後に一般外食について，2人以上世帯では高齢者割合の増加以外は全てプラスに寄与していた。一方で単身世帯では，高齢者割合の増加に加えて，コーホート効果がマイナスに寄与しており，1人当たり変化率は−19.1％となっていた。例えば非正規の増加など，単身世帯において育った時代環境の変化が外食消費にマイナスに寄与した可能性がある。こうした状況のため，全世帯平均では1人当たり変化率は12.1％とプラスを維持したものの，人口の減少により全体変化率は−1.2％となった。

　このように，我が国の食生活において，高齢者割合の増加が生鮮食料品の

消費へプラスの影響を及ぼすものの，それ以上に時代環境の変化に伴う食の外部化の進展が顕著であり，主食的調理食品といった中食消費の拡大が進むことが示された。なお，他の品目の要因分解の結果を章末に**付表**として掲載しているので，参照されたい。

5．おわりに

　本節では，家計調査における食料に関する中分類30品目を将来対象とした食料消費の将来見通しを示し，我が国の食料消費の実態を整理した。

　そこでは，近年，家庭での調理を経ない中食・外食の消費が進む中で，今後，少子高齢化が急速に進み，高齢世帯でより消費される生鮮食料品への回帰が実現するのか，或いは時代環境の変化によって更に食の外部化が進むのかを検証した。その結果，将来の食料消費は，高齢者割合の増加が生鮮食料品の需要増と中食・外食需要の減少に寄与することが示された。ただし一方で，コーホート効果や時代効果といった時代環境の変化に係る効果が生鮮食料品の需要減と中食・外食需要の増加に大きく寄与し，全体では食の外部化傾向が更に進むことが示された。また，世帯類型別，世帯主の年齢階層別の食料消費支出割合を見ると，単身世帯や高齢世帯の支出割合が今後大きく増加する傾向にあることが示された。

　こうした実態は，我が国の農水産業において，中食や単身世帯，高齢者向けの需要といった，今後伸びていく市場への供給体制の構築が求められることを示している。今後，そうしたニーズに安定的に応えられるような体制の整備が必要であり，その1つの課題が高齢者の食料品アクセス問題と言えよう。なお，今回の推計では総務省「家計調査」等のデータを用いたため，あくまで家庭での消費のみに着目しており，中食や外食の原料としての生鮮食料品需要までは加味できていない。そのため，本節で示した需要ほどは生鮮食料品等の需要が減退しない点に留意されたい。

引用文献

草苅仁（2006）「家計生産の派生需要としての食材需要関数の推計」『2006年度日本農業経済学会論文集』139-144。

茂野隆一（2004）「食料消費における家事の外部化―需要体系による接近―」『生活経済学研究』19：147-158。https://doi.org/10.18961/seikatsukeizaigaku.19.0_147

薬師寺哲郎（2015）「超高齢社会における食料消費の展望」薬師寺哲郎編著『超高齢社会における食料品アクセス問題―買い物難民，買い物弱者，フードデザート問題の解決に向けて―』ハーベスト社。

薬師寺哲郎（2017）「食料消費の将来推計」農林水産政策研究所『需要拡大に向けた主要農水産物サプライチェーンにおける課題と取り組むべき方向』食料供給プロジェクト【品目別分析】研究資料第４号。

付表 1 -1　変化の要因分解
(1) 2015年から2035年までの変化

品目			全体変化率		1人当たり変化率			
					コーホート	時代	消費支出	高齢者割合増加
001	米	2人以上世帯	-42.7	-32.0	-11.5	-31.7	3.8	2.7
		単身世帯	5.3	-9.5	-5.3	-15.5	4.1	11.8
		全世帯平均	-33.9	-25.0	-10.4	-28.7	3.8	4.9
002	パン	2人以上世帯	-10.4	6.2	-9.8	12.1	3.7	0.7
		単身世帯	62.8	39.8	0.0	35.2	4.1	-2.9
		全世帯平均	4.1	18.2	-7.8	16.6	3.8	-0.2
003	めん類	2人以上世帯	-19.9	-5.0	-9.4	-0.5	3.2	0.7
		単身世帯	29.8	11.5	7.3	0.0	3.5	-3.0
		全世帯平均	-9.5	2.8	-5.8	-0.4	3.3	-0.3
004	他の穀物	2人以上世帯	-8.8	8.1	12.1	1.6	-3.8	1.5
		単身世帯	72.3	48.0	82.2	0.0	-4.1	-1.1
		全世帯平均	3.8	17.8	23.1	1.4	-3.8	0.9
005	生鮮魚介	2人以上世帯	-52.1	-43.2	-20.3	-41.3	4.5	3.8
		単身世帯	-9.2	-22.1	-16.0	-18.9	4.9	12.9
		全世帯平均	-46.1	-38.9	-19.7	-38.2	4.5	5.5
006	塩干魚介	2人以上世帯	-45.6	-35.5	-20.3	-33.6	5.7	3.9
		単身世帯	-25.9	-36.4	2.7	-48.8	6.1	13.7
		全世帯平均	-42.7	-35.0	-16.9	-35.8	5.7	5.7
007	魚肉練製品	2人以上世帯	-39.2	-27.9	-27.6	-18.3	6.4	4.2
		単身世帯	35.7	16.5	-5.2	0.0	7.0	12.2
		全世帯平均	-28.5	-18.9	-24.4	-15.7	6.5	5.7
008	他の魚介加工品	2人以上世帯	-26.3	-12.6	-25.1	-0.6	7.1	4.0
		単身世帯	36.9	17.6	-10.5	0.0	7.7	12.1
		全世帯平均	-15.2	-3.7	-22.5	-0.5	7.2	5.8
009	生鮮肉	2人以上世帯	-6.7	10.6	-7.6	13.7	3.2	0.6
		単身世帯	11.4	-4.3	5.5	-8.9	3.5	1.9
		全世帯平均	-4.6	8.2	-6.1	11.1	3.3	0.8
010	加工肉	2人以上世帯	-0.7	17.8	-17.1	33.5	4.7	0.6
		単身世帯	99.8	71.6	-6.2	66.1	5.1	2.6
		全世帯平均	13.8	29.2	-15.5	38.2	4.8	1.0
011	牛乳	2人以上世帯	-41.9	-31.1	-16.1	-26.2	3.4	1.7
		単身世帯	2.5	-12.0	-5.9	-20.8	3.7	9.5
		全世帯平均	-34.6	-25.8	-14.4	-25.3	3.4	3.3
012	乳製品	2人以上世帯	35.2	60.3	-20.4	99.9	5.9	1.5
		単身世帯	104.6	75.7	-7.3	66.0	6.4	4.0
		全世帯平均	46.7	66.5	-18.2	94.2	5.9	2.0
013	卵	2人以上世帯	-18.2	-3.0	-8.3	3.0	2.2	1.6
		単身世帯	44.0	23.6	16.2	0.0	2.3	4.5
		全世帯平均	-8.4	4.0	-4.4	2.5	2.2	2.2
014	生鮮野菜	2人以上世帯	-16.3	-0.7	-5.8	-6.7	5.7	3.0
		単身世帯	24.7	7.1	-2.3	0.0	6.2	8.7
		全世帯平均	-9.6	2.6	-5.3	-5.6	5.8	4.2

（単位：%）

単身世帯増加	交絡項	世帯人口増加率	交絡項	全世帯平均の1人当たり変化率の説明
0.0	4.6	-15.7	5.0	高齢者割合の増加（+4.9%）や消費支出（+3.8%），単身世帯の増加（+2.1%）が増加要因として働くが，時代効果（-28.7%）やコーホート効果（-10.4%）により25.0%の減少
0.0	-4.6	16.4	-1.6	
2.1	3.3	-11.9	3.0	
0.0	-0.5	-15.7	-1.0	コーホート効果（-7.8%）が減少要因となるが，時代効果（+16.6%），消費支出（+3.8%），単身世帯の増加（+2.6%）により18.2%の増加
0.0	3.5	16.4	6.6	
2.6	3.2	-11.9	-2.2	
0.0	1.0	-15.7	0.8	コーホート効果（-5.8%）が減少要因となるが，消費支出（+3.3%），単身世帯の増加（+3.0%）により2.8%の増加
0.0	3.7	16.4	1.9	
3.0	3.1	-11.9	-0.3	
0.0	-3.4	-15.7	-1.3	消費支出の増加によって支出額が減る（-3.8%）が，コーホート効果（+23.1%），時代効果（+1.4%）等により17.8%の増加
0.0	-29.0	16.4	7.9	
1.2	-5.0	-11.9	-2.1	
0.0	10.2	-15.7	6.8	高齢者割合の増加（+5.5%）や消費支出の増加（+4.5%）が増加要因として働くが，時代効果（-38.2%）やコーホート効果（-19.7%）により38.9%の減少
0.0	-4.9	16.4	-3.6	
0.7	8.4	-11.9	4.6	
0.0	8.9	-15.7	5.6	高齢者割合の増加（+5.7%）や消費支出の増加（+5.7%）が増加要因として働くが，時代効果（-35.8%）やコーホート効果（-16.9%）により35.0%の減少
0.0	-10.1	16.4	-6.0	
0.9	5.4	-11.9	4.2	
0.0	7.4	-15.7	4.4	高齢者割合の増加（+5.7%）や消費支出の増加（+6.5%）が増加要因として働くが，時代効果（-15.7%）やコーホート効果（-24.4%）により18.9%の減少
0.0	2.5	16.4	2.7	
0.8	8.2	-11.9	2.2	
0.0	2.1	-15.7	2.0	高齢者割合の増加（+5.8%）や消費支出の増加（+7.2%）が増加要因として働くが，コーホート効果（-22.5%）により3.7%の減少
0.0	8.2	16.4	2.9	
1.9	4.4	-11.9	0.4	
0.0	0.7	-15.7	-1.7	コーホート効果（-6.1%）が減少要因として働くが，時代効果（+11.1%），消費支出（+3.3%）等により8.2%の増加
0.0	-6.3	16.4	-0.7	
-0.1	-0.7	-11.9	-1.0	
0.0	-3.9	-15.7	-2.8	コーホート効果（-15.5%）が減少要因として働くが，時代効果（+38.2%），消費支出（+4.8%）等により29.2%の増加
0.0	3.9	16.4	11.8	
0.9	0.0	-11.9	-3.5	
0.0	6.2	-15.7	4.9	高齢者割合の増加（+3.3%）や消費支出の増加（+3.4%）が増加要因として働くが，コーホート効果（-14.4%）や時代効果（-25.3%）により25.8%の減少
0.0	1.5	16.4	-2.0	
1.5	5.7	-11.9	3.1	
0.0	-26.6	-15.7	-9.4	コーホート効果（-18.2%）が減少要因として働くが，時代効果（+94.2%），消費支出（+5.6%）等により66.5%増加
0.0	6.7	16.4	12.5	
1.6	-19.1	-11.9	-7.9	
0.0	-1.5	-15.7	0.5	コーホート効果（-4.4%）が減少要因となるが，時代効果（+2.5%），消費支出（+2.2%），高齢者割合の増加（+2.2%）により4.0%の増加
0.0	0.6	16.4	3.9	
1.3	0.2	-11.9	-0.5	
0.0	3.2	-15.7	0.1	コーホート効果（-5.3%）や時代効果（-5.6%）が減少要因として働くが，消費支出（+5.8%）や高齢者割合の増加（+4.2%）等により2.6%の増加
0.0	-5.5	16.4	1.2	
1.5	2.1	-11.9	-0.3	

(1) 2015年から2035年までの変化（続き）

品目			全体変化率		1人当たり変化率			
					コーホート	時代	消費支出	高齢者割合増加
015	乾物・海藻	2人以上世帯	-17.3	-1.9	-13.4	5.0	5.7	3.4
		単身世帯	84.9	58.8	33.6	0.0	6.2	11.7
		全世帯平均	-1.6	11.7	-6.2	4.2	5.7	5.1
016	大豆加工品	2人以上世帯	-15.9	-0.3	-9.4	1.3	5.4	2.8
		単身世帯	43.2	22.9	12.3	0.0	5.8	7.5
		全世帯平均	-7.0	5.5	-6.1	1.1	5.4	3.7
017	他の野菜・海藻加工品	2人以上世帯	-35.8	-23.9	-21.3	-16.7	8.3	4.0
		単身世帯	43.4	23.1	0.9	0.0	9.1	11.5
		全世帯平均	-22.4	-12.0	-17.6	-13.9	8.5	5.6
018	生鮮果物	2人以上世帯	-32.5	-19.9	-19.0	-15.5	7.4	4.3
		単身世帯	-8.0	-21.0	-34.1	0.0	8.0	13.9
		全世帯平均	-27.2	-17.4	-22.3	-12.2	7.5	6.9
019	果物加工品	2人以上世帯	35.6	60.8	-26.3	130.0	9.9	3.8
		単身世帯	175.4	136.5	4.6	92.0	10.8	6.2
		全世帯平均	59.8	81.4	-21.0	123.4	10.1	4.3
020	油脂	2人以上世帯	12.1	33.0	-19.2	52.9	2.2	1.9
		単身世帯	42.0	21.9	14.2	0.0	2.4	5.6
		全世帯平均	16.1	31.8	-14.7	45.8	2.2	2.6
021	調味料	2人以上世帯	-9.6	7.2	-8.5	10.5	4.1	2.0
		単身世帯	106.3	77.1	7.4	59.5	4.5	4.8
		全世帯平均	10.0	24.8	-5.8	18.8	4.2	2.6
022	菓子類	2人以上世帯	-6.7	10.6	-4.6	17.6	2.4	0.5
		単身世帯	34.4	15.4	8.2	0.0	2.6	0.6
		全世帯平均	2.9	16.8	-1.6	13.5	2.4	0.5
023	主食的調理食品	2人以上世帯	15.3	36.7	-8.5	48.2	8.6	1.7
		単身世帯	51.4	30.0	-5.4	26.2	9.3	-6.1
		全世帯平均	27.0	44.2	-7.5	41.0	8.8	-1.4
024	他の調理食品	2人以上世帯	-2.7	15.4	-10.8	29.7	6.5	2.1
		単身世帯	105.0	76.0	8.8	44.6	7.1	3.5
		全世帯平均	21.8	38.2	-6.3	33.1	6.7	2.5
025	茶類	2人以上世帯	17.8	39.7	14.0	29.2	2.8	2.0
		単身世帯	40.5	20.7	16.0	9.1	3.1	-5.2
		全世帯平均	24.6	41.4	14.6	23.2	2.9	-0.6
026	コーヒー・ココア	2人以上世帯	23.6	46.6	-18.8	83.8	2.1	1.1
		単身世帯	87.2	60.7	-7.8	74.9	2.3	-6.1
		全世帯平均	45.3	64.8	-15.1	80.7	2.1	-1.9
027	他の飲料	2人以上世帯	24.8	48.0	-15.5	73.8	5.6	0.5
		単身世帯	20.7	3.7	-22.9	21.1	6.1	-5.4
		全世帯平均	23.9	40.6	-17.2	61.5	5.8	-1.2
028	酒類	2人以上世帯	-26.5	-12.8	-20.9	0.0	5.3	2.3
		単身世帯	22.5	5.2	-5.6	0.0	5.8	1.5
		全世帯平均	-13.6	-2.0	-16.9	0.0	5.5	2.0
029	一般外食	2人以上世帯	1.6	20.5	0.8	11.0	10.1	-1.3
		単身世帯	-5.8	-19.1	-23.6	0.0	11.0	-6.1
		全世帯平均	-1.2	12.1	-8.5	6.9	10.4	-3.5

（単位：%）

単身世帯増加	交絡項	世帯人口増加率	交絡項	全世帯平均の1人当たり変化率の説明
0.0	-2.6	-15.7	0.3	コーホート効果（-6.2%）が減少要因として働くが，時代効果（+4.2%），
0.0	7.3	16.4	9.7	消費支出（+5.7%），高齢者割合の増加（+5.1%）等により11.7%の増加
1.1	1.7	-11.9	-1.4	
0.0	-0.4	-15.7	0.1	コーホート効果（-6.1%）が減少要因として働くが，消費支出（+5.4%），
0.0	-2.6	16.4	3.8	高齢者割合の増加（+3.7%）等により5.5%の増加
1.1	0.3	-11.9	-0.7	
0.0	1.9	-15.7	3.7	高齢者割合の増加（+5.6%）や消費支出（+8.5%），単身世帯の増加（+1.6%）
0.0	1.6	16.4	3.8	が増加要因として働くが，時代効果（-13.9%）やコーホート効果（-17.6%）
1.6	3.8	-11.9	1.4	により12.0%の減少
0.0	2.9	-15.7	3.1	高齢者割合の増加（+6.9%）や消費支出（+7.5%），単身世帯の増加（+3.1%）
0.0	-8.8	16.4	-3.5	が増加要因として働くが，時代効果（-12.2%）やコーホート効果（-22.3%）
3.1	-0.5	-11.9	2.1	により17.4%の減少
0.0	-56.5	-15.7	-9.5	コーホート効果（-21.0%）が減少要因として働くが，時代効果（+123.4%），
0.0	22.8	16.4	22.5	消費支出（+10.1%），高齢者割合の増加（+4.3%）により81.4%の増加
1.8	-37.2	-11.9	-9.7	
0.0	-4.8	-15.7	-5.2	コーホート効果（-14.7%）が減少要因として働くが，時代効果（+45.8%），
0.0	-0.3	16.4	3.6	消費支出（+2.2%），高齢者割合の増加（+2.6%）により31.8%の増加
0.5	-4.6	-11.9	-3.8	
0.0	-0.9	-15.7	-1.1	コーホート効果（-5.8%）が減少要因として働くが，時代効果（+18.8%），
0.0	1.0	16.4	12.7	消費支出（+4.2%），高齢者割合の増加（+2.6%）により24.8%の増加
1.6	3.4	-11.9	-2.9	
0.0	-5.2	-15.7	-1.7	コーホート効果（-1.6%）が減少要因として働くが，時代効果（+13.5%），
0.0	4.1	16.4	2.5	消費支出（+2.4%），単身世帯の増加（+3.8%）により16.8%の増加
3.8	-1.7	-11.9	-2.0	
0.0	-13.3	-15.7	-5.7	コーホート効果（-7.5%）や高齢者割合の増加（-1.4%）が減少要因として
0.0	6.1	16.4	4.9	働くが，時代効果（+41.0%），消費支出（+8.8%），単身世帯の増加（6.7%）
6.7	-3.5	-11.9	-5.3	により44.2%の増加
0.0	-12.2	-15.7	-2.4	コーホート効果（-6.3%）が減少要因として働くが，時代効果（+33.1%），
0.0	12.0	16.4	12.5	消費支出（+6.7%），高齢者割合の増加（+2.5%），単身世帯の増加（+3.5%）
3.5	-1.3	-11.9	-4.5	により38.2%の増加
0.0	-8.3	-15.7	-6.2	コーホート効果（+14.6%），時代効果（23.2%），単身世帯の増加（+5.8%），
0.0	-2.3	16.4	3.4	消費支出（+2.9%）により41.4%の増加
5.8	-4.4	-11.9	-4.9	
0.0	-21.6	-15.7	-7.3	コーホート効果（-15.1%）や高齢者割合の増加（-1.9%）が減少要因として
0.0	-2.5	16.4	10.0	働くが，時代効果（+80.7%）や単身世帯増加（+7.2%）等により64.8%の
7.2	-8.2	-11.9	-7.7	増加
0.0	-16.5	-15.7	-7.5	コーホート効果（-17.2%）や高齢者割合の増加（-1.2%）が減少要因として
0.0	4.7	16.4	0.6	働くが，時代効果（+61.5%）や消費支出（+5.8%）等により40.6%の増加
3.7	-11.9	-11.9	-4.8	
0.0	0.5	-15.7	2.0	消費支出（+5.5%）や単身世帯の増加（+4.6%）等が増加要因として働くが，
0.0	3.5	16.4	0.9	コーホート効果（-16.9%）により2.0%の減少
4.6	2.8	-11.9	0.2	
0.0	-0.1	-15.7	-3.2	コーホート効果（-8.5%）や高齢者割合の増加（-3.5%）が減少要因として
0.0	-0.5	16.4	-3.1	働くが，消費支出（+10.4%）や単身世帯の増加（+8.4%），時代効果（+6.9%）
8.4	-1.7	-11.9	-1.4	により12.1%の増加

付表1-2　変化の要因分解

(2)　1995年から2015年までの変化

（単位：％）

品目		全体変化率	1人当たり変化率							世帯人口増加率	交絡項
			コーホート	時代	消費支出	価格	高齢者割合増加	単身世帯増加	交絡項		
001 米	2人以上世帯	-41.7	-38.1	-9.4	-33.1	-2.4	1.4	5.1	0.0	0.3	-5.8	2.2
	単身世帯	76.0	13.8	-6.5	-14.5	-0.9	1.4	26.7	0.0	7.6	54.6	7.6
	全世帯平均	-33.6	-33.9	-9.2	-31.9	-2.3	1.4	7.6	-2.2	2.6	0.5	-0.2
002 パン	2人以上世帯	4.1	10.5	-5.9	15.3	-2.7	-1.4	-0.8	0.0	6.0	-5.8	-0.6
	単身世帯	97.7	27.9	-0.4	38.5	-2.3	-2.7	1.1	0.0	-6.3	54.6	15.2
	全世帯平均	14.9	14.3	-5.3	18.0	-2.6	-1.5	-0.4	0.6	5.6	0.5	0.1
003 めん類	2人以上世帯	-11.4	-5.9	-6.6	1.7	-2.3	0.0	-1.5	0.0	2.8	-5.8	0.3
	単身世帯	97.8	27.9	8.5	12.7	-2.6	0.0	0.5	0.0	8.8	54.6	15.2
	全世帯平均	0.3	-0.3	-5.0	2.9	-2.4	0.0	-1.2	0.1	5.2	0.5	0.0
004 他の穀物	2人以上世帯	27.9	35.8	2.7	-3.7	2.5	25.9	9.2	0.0	-0.9	-5.8	-2.1
	単身世帯	287.1	150.4	16.4	65.0	0.8	26.8	25.0	0.0	16.4	54.6	82.1
	全世帯平均	42.8	42.0	3.5	0.2	2.4	26.0	10.7	-2.9	2.1	0.5	0.2
005 生鮮魚介	2人以上世帯	-47.4	-44.2	-14.2	-35.4	-2.8	-5.6	5.2	0.0	8.7	-5.8	2.6
	単身世帯	1.4	-34.4	-15.6	-35.7	-1.2	-5.0	27.7	0.0	-4.6	54.6	-18.8
	全世帯平均	-43.6	-43.9	-14.3	-35.4	-2.7	-5.5	8.1	-1.6	7.9	0.5	-0.2
006 塩干魚介	2人以上世帯	-45.9	-42.6	-12.6	-35.8	-3.6	-7.1	4.6	0.0	11.7	-5.8	2.5
	単身世帯	-12.0	-43.0	11.2	-57.6	-1.4	-5.4	24.8	0.0	-14.7	54.6	-23.5
	全世帯平均	-42.7	-43.0	-10.3	-37.8	-3.4	-6.9	7.8	-0.6	8.2	0.5	-0.2
007 魚肉練製品	2人以上世帯	-30.2	-25.9	-17.2	-20.0	-4.1	1.1	3.8	0.0	10.5	-5.8	1.5
	単身世帯	48.6	-3.9	-0.9	-19.5	-1.7	2.2	23.9	0.0	-7.8	54.6	-2.1
	全世帯平均	-24.5	-24.9	-16.0	-20.0	-3.9	1.1	6.2	-2.0	9.6	0.5	-0.1
008 他の魚介加工品	2人以上世帯	-39.1	-35.3	-16.6	-19.4	-4.4	-12.9	4.7	0.0	13.2	-5.8	2.0
	単身世帯	62.3	5.0	10.6	-4.9	-3.3	-14.1	19.8	0.0	-3.2	54.6	2.7
	全世帯平均	-31.6	-31.9	-14.5	-18.3	-4.3	-13.0	6.6	-1.9	13.5	0.5	-0.2
009 生鮮肉	2人以上世帯	-18.4	-13.4	-4.7	-6.3	-2.3	0.0	-3.0	0.0	3.0	-5.8	0.8
	単身世帯	42.5	-7.8	-1.4	-3.7	-1.5	0.0	12.1	0.0	-13.4	54.6	-4.3
	全世帯平均	-14.2	-14.7	-4.5	-6.1	-2.3	0.0	-1.3	3.9	-4.4	0.5	-0.1
010 加工肉	2人以上世帯	-3.2	2.7	-10.9	18.4	-3.5	-1.1	-4.0	0.0	3.9	-5.8	-0.2
	単身世帯	117.3	40.5	-1.3	30.3	-3.4	-2.0	0.5	0.0	16.5	54.6	22.1
	全世帯平均	5.2	4.7	-10.2	19.3	-3.5	-1.2	-3.5	-2.1	5.9	0.5	0.0
011 牛乳	2人以上世帯	-38.7	-34.9	-8.1	-31.7	-2.3	0.5	3.3	0.0	3.3	-5.8	2.0
	単身世帯	13.0	-26.9	1.9	-37.9	-1.7	0.0	7.9	0.0	2.9	54.6	-14.7
	全世帯平均	-33.7	-34.1	-7.1	-32.3	-2.3	0.5	4.0	-0.5	3.6	0.5	-0.2
012 乳製品	2人以上世帯	70.8	81.3	-9.7	46.2	-4.4	27.9	-0.4	0.0	21.7	-5.8	-4.7
	単身世帯	220.8	107.5	-7.5	63.2	-3.1	29.4	5.5	0.0	19.9	54.6	58.7
	全世帯平均	85.2	84.2	-9.5	47.9	-4.3	28.0	0.5	-0.5	22.1	0.5	0.5
013 卵	2人以上世帯	-21.6	-16.8	-3.6	-12.6	-1.5	-3.6	1.1	0.0	3.4	-5.8	1.0
	単身世帯	17.8	-23.8	18.9	-36.2	-1.0	-4.6	15.3	0.0	-16.1	54.6	-13.0
	全世帯平均	-17.2	-17.7	-1.1	-15.2	-1.5	-3.7	3.6	0.4	-0.2	0.5	-0.1
014 生鮮野菜	2人以上世帯	-18.8	-13.8	-3.3	-13.7	-3.6	-3.2	5.4	0.0	4.7	-5.8	0.8
	単身世帯	50.4	-2.7	-3.9	-12.7	-1.5	1.9	23.6	0.0	-10.1	54.6	-1.5
	全世帯平均	-12.1	-12.6	-3.4	-13.6	-3.4	-2.7	8.2	-0.5	2.9	0.5	-0.1

(2) 1995年から2015年までの変化（続き）

（単位：％）

品目		全体変化率	1人当たり変化率							世帯人口増加率	交絡項
			コーホート	時代	消費支出	価格	高齢者割合増加	単身世帯増加	交絡項		
015 乾物・海藻	2人以上世帯	-28.2	-23.8	-7.7	-11.5	-3.5	-14.8	7.1	0.0	6.7	-5.8	1.4
	単身世帯	11.1	-28.2	30.9	-24.7	-0.9	-16.0	29.9	0.0	-47.5	54.6	-15.4
	全世帯平均	-24.1	-24.5	-3.7	-12.9	-3.2	-14.9	11.0	0.0	-0.7	0.5	-0.1
016 大豆加工品	2人以上世帯	-6.1	-0.3	-6.7	-8.9	-3.4	7.2	5.6	0.0	6.0	-5.8	0.0
	単身世帯	78.7	15.6	4.7	-4.9	-1.8	5.8	22.1	0.0	-10.3	54.6	8.5
	全世帯平均	1.2	0.6	-5.7	-8.6	-3.3	7.1	7.9	-1.2	4.4	0.5	0.0
017 他の野菜・海藻加工品	2人以上世帯	-30.9	-26.6	-14.4	-25.6	-5.2	7.7	4.4	0.0	6.4	-5.8	1.5
	単身世帯	44.6	-6.5	5.8	-27.3	-2.5	3.6	22.8	0.0	-9.0	54.6	-3.5
	全世帯平均	-24.2	-24.6	-12.6	-25.7	-4.9	7.4	7.1	-1.0	5.2	0.5	-0.1
018 生鮮果物	2人以上世帯	-30.7	-26.4	-13.7	-20.5	-4.4	-1.6	9.2	0.0	4.5	-5.8	1.5
	単身世帯	11.3	-28.0	-26.1	-21.0	-1.6	-1.5	24.6	0.0	-2.3	54.6	-15.3
	全世帯平均	-24.5	-24.9	-15.5	-20.6	-4.0	-1.6	12.7	2.5	1.5	0.5	-0.1
019 果物加工品	2人以上世帯	42.7	51.5	-21.0	53.7	-6.1	9.7	5.5	0.0	9.7	-5.8	-3.0
	単身世帯	283.1	147.8	2.4	92.0	-3.7	13.8	23.1	0.0	20.2	54.6	80.7
	全世帯平均	60.1	59.3	-19.3	56.5	-5.9	10.0	7.6	-2.0	12.4	0.5	0.3
020 油脂	2人以上世帯	64.9	75.0	-11.2	34.0	-1.6	20.8	-2.5	0.0	35.5	-5.8	-4.3
	単身世帯	205.5	97.6	18.9	33.9	-1.0	17.8	22.4	0.0	5.4	54.6	53.3
	全世帯平均	75.6	74.7	-8.9	34.0	-1.6	20.6	0.7	-1.7	31.6	0.5	0.4
021 調味料	2人以上世帯	18.1	25.4	-5.6	7.7	-2.8	17.7	2.6	0.0	5.8	-5.8	-1.5
	単身世帯	176.4	78.8	-2.6	62.1	-1.6	16.0	19.3	0.0	-14.5	54.6	43.0
	全世帯平均	30.8	30.1	-5.4	12.1	-2.7	17.6	4.8	-1.5	5.2	0.5	0.2
022 菓子類	2人以上世帯	-3.1	2.9	-6.9	13.3	-1.7	-4.4	0.9	0.0	1.6	-5.8	-0.2
	単身世帯	68.3	8.9	8.5	2.2	-1.3	-4.0	6.2	0.0	-2.7	54.6	4.9
	全世帯平均	7.6	7.1	-4.6	11.7	-1.6	-4.3	2.1	2.7	1.0	0.5	0.0
023 主食的調理食品	2人以上世帯	43.6	52.4	-8.5	57.4	-5.9	0.1	-0.3	0.0	9.6	-5.8	-3.0
	単身世帯	55.2	0.4	-5.9	29.3	-8.1	-1.4	-15.6	0.0	2.1	54.6	0.2
	全世帯平均	47.1	46.4	-7.7	48.7	-6.5	-0.4	-7.0	12.3	7.0	0.5	0.2
024 他の調理食品	2人以上世帯	-3.6	2.3	-8.6	14.7	-4.4	-5.3	1.8	0.0	4.1	-5.8	-0.1
	単身世帯	169.6	74.4	8.6	60.2	-3.8	-5.3	9.9	0.0	4.9	54.6	40.6
	全世帯平均	12.9	12.3	-7.0	19.0	-4.3	-5.3	3.0	-0.6	7.4	0.5	0.1
025 茶類	2人以上世帯	37.3	45.7	5.5	29.2	-1.8	0.0	7.5	0.0	5.4	-5.8	-2.6
	単身世帯	172.5	76.3	8.7	52.1	-2.0	0.0	0.4	0.0	17.0	54.6	41.6
	全世帯平均	61.2	60.3	6.0	33.2	-1.8	0.0	5.6	4.3	13.0	0.5	0.3
026 コーヒー・ココア	2人以上世帯	82.7	93.9	-7.9	70.8	-1.5	13.4	-0.7	0.0	19.8	-5.8	-5.4
	単身世帯	130.8	49.3	-4.0	60.9	-2.3	8.6	-7.7	0.0	-6.3	54.6	26.9
	全世帯平均	96.7	95.6	-6.8	67.9	-1.7	12.0	-3.6	11.2	16.6	0.5	0.5
027 他の飲料	2人以上世帯	56.7	66.3	-9.5	56.9	-4.2	19.9	-2.7	0.0	6.0	-5.8	-3.8
	単身世帯	72.8	11.8	-32.7	65.0	-4.5	16.8	-24.4	0.0	13.0	54.6	6.4
	全世帯平均	60.2	59.3	-14.5	54.3	-4.6	19.2	-9.8	6.8	7.9	0.5	0.3
028 酒類	2人以上世帯	-9.6	-4.1	-9.7	0.0	-3.6	2.8	1.7	0.0	4.7	-5.8	0.2
	単身世帯	73.7	12.4	0.1	7.8	-4.5	1.9	6.4	0.0	3.0	54.6	6.7
	全世帯平均	3.4	2.8	-8.2	1.2	-3.7	2.7	2.8	3.1	4.9	0.5	0.2
029 一般外食	2人以上世帯	-5.8	0.0	7.3	3.4	-7.3	-1.1	-4.6	0.0	2.2	-5.8	0.0
	単身世帯	-15.2	-45.1	-30.8	-0.4	-10.1	-2.0	-16.8	0.0	15.0	54.6	-24.6
	全世帯平均	-9.6	-10.1	-8.1	1.9	-8.4	-1.5	-11.2	18.0	-0.9	0.5	-0.1

第2章
中食消費と食品摂取
—カテゴリカル構造方程式モデリングによる分析—

八木 浩平

1. はじめに

　近年，食の簡便化の進展と共に中食産業が成長しており，2010年に約8兆1,238億円だった市場規模は，2017年には約10兆556億円まで拡大している（日本惣菜協会 2018）。こうした中食の消費拡大は，我が国の食生活を大きく変えるとともに，中食消費が食品群や栄養素の摂取に何らかの影響を及ぼしている可能性がある。これらの分野の既存研究では，小林ら（2010）が外食や調理済み食品を利用する群で野菜摂取量が少なく脂肪エネルギー比が多いこと等を指摘している他，八木ら（2019）が首都圏在住の成人男性を対象に，単身世帯において中食の利用頻度が高いほど食塩相当量と脂質エネルギー比が増加する点などを示している。

　一方で，中食というカテゴリーに属していても，弁当やおにぎり等の主食となるものから，コロッケ等のおかずまでその種類は多様であり，中食の具体的な種類によって栄養素摂取に与える影響が大きく異なる可能性がある。こうした中食を分類して栄養素摂取を分析した研究として，児玉（2013）がある。児玉（2013）は，食の外部化の評価において総務省『全国消費実態調査』をもとに，主食的調理食品の消費が脂質エネルギー比と正の相関関係にあるのに対し，野菜摂取量とは負の相関関係にあること，他の調理食品が食塩相当量や野菜摂取量と正の相関関係にあることを示している。また，薬師寺（2015）は「加工品の調理」や「総菜・弁当の購入」の頻度が食品の多様性得点へ及ぼす影響をtobitモデルで分析し，加工品の調理頻度が食品摂取の多様性得点へ負の影響を及ぼす点を確認している。しかし，児玉（2013）

の分析は中食と栄養素摂取の相関係数の提示に留まっているため，例えば年齢が高いほど野菜をよく摂取し，主食的調理食品を使わない等，個人特性を通じて中食頻度と栄養素摂取との間に見せかけの相関が存在する可能性も考えられる。また，薬師寺（2015）の分析は食品摂取の多様性得点への影響の検証に留まっており，分類された中食が具体的にどのような食品群・栄養素摂取へ影響を及ぼしているのか不明である。食生活の改善にあたっては，中食の利用頻度（以下，中食頻度）が炭水化物や脂質といった具体的な食品群・栄養素摂取へ，どのような影響を及ぼしているのかを把握する必要があるだろう。

　そこで本研究では中食を実際の利用頻度に応じて分類し，それぞれの利用頻度が具体的な食品群または栄養素摂取へ及ぼす因果関係について，年齢や食費等をコントロールしながら検証した。ただし，中食の利用頻度は年齢や勤務時間，世帯員数等の個人特性に強く影響される内生変数である。また，弁当やおにぎりを活用する人ほど，家庭でおかずの総菜をよく利用する等，中食間でその利用頻度が相関関係にある可能性がある。そのため，推計にあたっては内生性や多重共線性への考慮が重要となるため，連立方程式体系による構造方程式モデリング（Structural Equation Model: SEM）で分析した。

　また，中食が健康に及ぼす影響を考慮し，食品群・栄養素摂取の改善に向けた取り組みに資するため，年齢や食費といった個人特性がどのような経路で食品群・栄養素摂取を規定するのかを検証した。例えば，年齢が直接的に野菜摂取量を規定するのか，あるいは年齢が高いほど中食頻度が低いため野菜摂取量が減退するのかなど，どのような経路で食品群・栄養素摂取を規定するのかを検証し，食品群・栄養素摂取のボトルネックとなっている要因の把握を行った（註1）。

（註1）個人特性が食品群・栄養素摂取へ及ぼす影響を検証した我が国の研究として，津村ら（2004）は，独居の男性高齢者や男子大学生が，家族のいる層と比べて野菜類・果実類等の充足率が低い点を示している。

２．分析仮説

　まず，本研究で分析対象とする食品群・栄養素は，食生活の検証で用いられることの多い野菜摂取量（g/1,000kcal），食塩相当量（g/1,000kcal）と，三大栄養素エネルギー比（%energy）であるたんぱく質エネルギー比，脂質エネルギー比，炭水化物エネルギー比を用いた。

　また，これらの食品群・栄養素摂取を規定する要因として，既述の種類別の中食頻度とともに，内食・外食の利用頻度（以下，それぞれ内食頻度，外食頻度）や年齢，一人当たり食費（以下，食費）を説明変数とした。更に，内食・中食・外食頻度といった食事形態の規定要因，即ち食の外部化の要因については，茂野（2004）や草苅（2006）が世帯規模の縮小による調理活動での規模の経済性の減退や，就業によって多忙となることによる調理の機会費用の上昇，所得水準の上昇を挙げていることから，世帯員数や勤務時間，食費を説明変数に加えた（註２）。また，買い物の苦労や不便さといった食料品アクセスが食事形態へ影響を及ぼすとする薬師寺（2015）を参考に，買い物不便の有無も説明変数として追加した。以上の変数の相互関係について，以下の通り，１〜６の仮説を設定した。

【仮説１】年齢と勤務時間が食費へ正，世帯員数が食費へ負の影響を及ぼす。
　我が国では年功賃金の慣行を有しており，一般的に年齢が高いほど所得が高くなるため，食費へ正の影響があると考えた。また，勤務時間が長いほど

（註２）食費を変数として用いたのは，食事形態の選択を直接的に規定するのは食事に仕向けることのできる費用であることを勘案したためである。食費をもとに所得水準の効果を検証する点については，加齢効果，時代効果，コーホート効果，価格の効果をコントロールした上で，各食材への消費額に対する総消費支出額の弾力性がいずれも正値であることを確認した薬師寺（2017）を参考にした。なお，本研究では所得を変数として用いていないため，年齢や勤務時間の効果に所得効果が含まれ得る点に注意が必要である。

所得が増えるため食費が上昇すると考えた。世帯員数については，規模の経済性から世帯員数が多いほど食費が低くなると想定した。

【仮説2】年齢と勤務時間が買い物不便へ正の影響を及ぼす。

高年齢層や，勤務時間が長い人は買い物不便が高まると想定した。

【仮説3】年齢と世帯員数は内食頻度に正，中食・外食頻度へ負，勤務時間と食費，買い物不便は内食頻度へ負，中食・外食頻度へ正の影響を及ぼす。

年齢の影響は，コーホート分析で高齢世帯ほど生鮮食品を選択する点を示した薬師寺（2015）を参照した。買い物不便については，買い物に不便・苦労がある層ほど中食・外食頻度が高いことを示した薬師寺（2015）を参照した。その他は，前述の茂野（2004）と草苅（2006）を参照した。

【仮説4】年齢と食費，内食頻度は野菜摂取量に正，中食・外食頻度は野菜摂取量へ負の影響を及ぼす。

健康意識の高い高年齢層や（註3），食費が高い層はファストフード等を避けるため，野菜摂取量が多いと考えた。実際に薬師寺（2017）では，加齢効果や消費支出が生鮮野菜支出へ正の影響を及ぼすことを示している。内食・中食・外食頻度の影響は，八木ら（2019）が内食頻度と中食・外食頻度が負の相関関係を有しており，トレードオフの関係にあると指摘していることから，例えば内食頻度が正の影響を及ぼす食品群・栄養素で，中食・外食頻度は負の影響を及ぼすといった，逆の因果関係を想定した。その食事形態の影響について，内食をよく利用する群ほど野菜類の摂取量が多いことを指摘した小林ら（2010）を参照した。

【仮説5】年齢と中食・外食頻度は食塩相当量へ正，食費と内食頻度は食塩相当量へ負の影響を及ぼす。

年齢が高いほど味噌汁や漬物等を好むため，塩分を多く摂取すると想定した。厚生労働省『国民健康・栄養調査（平成29年）』では，高年齢層ほど食

（註3）年齢と健康志向の関係については，検証的因子分析で推計した健康意識・健康行動の因子得点を性・年代別に比較し，年齢が高いほど健康意識・健康行動が強いことを示した古谷野ら（2006）を参照した。

塩相当量の摂取が多いことが確認されている。また，食費が高い層ほどファストフード等を避け，健康的な食事を意識するため食塩相当量が少ないと想定した。食事形態については，食塩相当量に対して内食頻度が負，中食頻度が正の影響を及ぼすことを示した八木ら（2019）を参照した。

【仮説6】年齢と食費，内食頻度はたんぱく質・脂質エネルギー比へ正，炭水化物エネルギー比に負，中食・外食頻度はたんぱく質・脂質エネルギー比へ負，炭水化物エネルギー比へ正の影響を及ぼす。

健康志向の強い高年齢層や，食費が高い層ほど多様な食生活を営むことができるため，炭水化物への依存度が相対的に低下した食生活となると想定した。内食・中食・外食頻度では，食事内容を自己管理できる内食頻度が高いほど炭水化物に依存しない食生活となると想定した。

なお，食事形態の変数間や三大栄養素の変数間にはそれぞれトレードオフの関係にあるため，それぞれ両側矢線を引いた。そのため三大栄養素については，三大栄養素モデルとして1つのモデルで検証した。以上のモデル概念図を，**図1**に示す。

3．対象と方法

1）調査対象者

本研究では，世帯での食材購入を担う消費者の行動を検証するため，食料品の買い物を「家族で一番，担当している」と回答した2人以上世帯の女性に調査を行った。データは，2018年2月にNTTコムリサーチを通じて実施したWebアンケート調査によって取得した。調査は，東京23区で20-30代へ250名，40-50代へ268名，60代へ269名の合計787名へ実施した。また，栃木県と群馬県の合算で20-30代へ262名，40-50代へ268名，60代へ75名の合計605名へ調査を行った。ただし，地域によって食事形態を含めた消費行動や環境が異なることが予想される。本研究では，コンビニやスーパー等の中食を提供する小売業態や，レストラン等の外食が多く立地し，それぞれへのアクセ

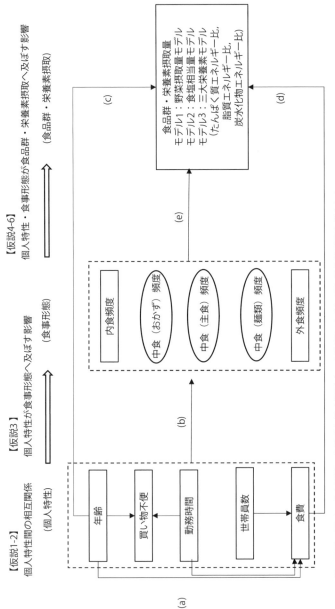

図 1　モデル概念図

注. 既述の通り，食事形態の変数間と最大栄養素の変数間にはそれぞれ共分散関係を想定した。

スが容易で地理的な制約を受けにくいという特徴を持つ，東京23区を分析対象とした（註4）。これらのデータから，平時とは異なる内容の食事を行っている可能性の高い食事療養中，授乳中，妊娠中の回答者や，総エネルギー摂取量が500kcal未満か4,000kcal以上の回答者（註5），一人当たり食費が1万円未満である回答者を除いた583名のデータを用いて分析を行った。

2）質問項目

　分析で用いた食品群・栄養素摂取量は，簡易型自記式食事歴法調査票（Brief-type self-administered diet history questionnaire：以下，BDHQ）で評価した（註6）。また，BDHQのWeb調査に先立ち，別の調査の紙面版調査票で得た回答をWebアンケート調査と同様に入力して分析し，紙面版と同じ結果が得られる点を確認した上で，DHQセンターの許可を得て調査を実施した。

　食事形態のうち内食頻度と外食頻度は，それぞれ「生鮮食品など食材を購入して調理する」「外食を利用する」という質問に対して「ほとんどそうする（4）」「そうする（3）」「あまりしない（2）」「ほとんどしない（1）」の4件法で得た回答を，カッコ内で示した得点の変数として用いた。中食は，種

（註4）アンケートの調査対象地を東京23区，栃木県，群馬県としたのは，都市的地域と非都市的地域の消費者行動の違いを検証するためであった。ここでは，個人特性のみによる食事形態の差異の検証に問題があるとして，東京23区の回答者のみを分析対象とした。

（註5）総エネルギー摂取量を500～4,000kcalの範囲としたのは，Koga et al.（2017）や石川ら（2018）が，範囲外のエネルギー摂取量は現実的でなく，信頼度がかなり低いと指摘しているためである。

（註6）BDHQは，東京大学医学系研究科の佐々木敏氏が開発した簡易な食事記録の調査票である。被調査者の80品目にわたる食べ物・飲み物の1か月間の摂取頻度等の自己記入結果について，約50種類の食品群と約30種類の栄養素の摂取量を推計したものである。なお，BDHQでの食品摂取量および栄養素摂取量の妥当性については，それぞれKobayashi et al.（2011）とKobayashi et al.（2012）を参照されたい。

類別に検証するため，日本総菜協会（2018）の消費者アンケートの23品目の購入頻度を活用した。具体的には中食の品目別に，「週3回以上」「週1～2回程度」「月1～2回程度」「ほとんど買わない」の4段階の購入頻度を設定した。ただし，購入頻度の低い品目を除くため，回答者のうち70％以上が「ほとんど買わない」を選択した品目は除外し，15品目を分析に用いた（註7）。個人特性は，既述の通り年齢，世帯員数，勤務時間（週当たり，10時間刻み），食費（一人当たり，1万円刻み）を用いた。また，買い物不便に関する質問である「あなたは普段，食料品の買い物で不便や苦労がありますか」に対して「ある（4）」「ややある（3）」「あまりない（2）」「ない（1）」の4件法で得た回答は，カッコ内で示した得点を買い物不便変数として用いた。

　以上の変数・回答者の概要を，**表1**に示す。勤務時間は20時間未満が，食費は2万円未満が，いずれも50％以上で最も多い傾向にあった。世帯員数の平均は，2.7人と少なめであった。総エネルギーの平均は1,763.2kcal/日であり，厚生労働省『日本人の食事摂取基準（2015年版）』が示す，身体活動レベルIの30-49歳女性の推定エネルギー必要量1,750kcalに近い値であった（註8）。たんぱく質，脂質，炭水化物のエネルギー比についてはそれぞれ，厚生労働省『日本人の食事摂取基準（2015年版）』で望ましい水準とされる範囲内にあった。また，内食頻度は4件法で質問したところ平均3.8であり，外食頻度と比べて利用頻度が比較的高い傾向が窺えた。

3）解析方法

　まず，弁当や天ぷら等の中食品目の利用頻度について，変数が4値型の順

（註7）分析に用いなかった品目は，「その他の米飯類（おこわ，炊き込みご飯など）」「その他の焼き物（焼き魚，うなぎの蒲焼き，卵焼き，ハンバーグなど）」「野菜の煮物」「その他の煮物（煮魚，おでんなど）」「その他の蒸し物（シューマイ，茶碗蒸しなど）」「その他の和え物（酢の物など）」「炒め物（きんぴら，野菜・肉の炒め物など）」「お好み焼き，たこ焼き」の8品目である。

（註8）身体活動レベルIとは，「生活の大部分が座位で，静的な活動が中心の場合」である。

表 1　分析対象者の概要

サンプルサイズ	583
年代（%）	
20・30 代	26.8
40・50 代	35.2
60 代	38.1
勤務時間（%）	
20 時間未満	58.7
20-40 時間	16.1
40-60 時間	22.8
60 時間以上	2.4
食費（%）	
2 万円未満	57.5
2-4 万円	37.4
4 万円以上	5.1
変数の平均（標準偏差）	
世帯員数（人）	2.7(0.9)
内食頻度（4 件法）	3.8(0.6)
外食頻度（4 件法）	2.3(0.8)
買い物不便（4 件法）	2.3(0.9)
食品群・栄養素摂取の平均（標準偏差）	
総エネルギー（kcal/日）	1,763.2(686.5)
野菜摂取量（g/1,000kcal）	153.6(94.8)
食塩相当量（g/1,000kcal）	5.6(1.3)
たんぱく質エネルギー比（%E）	14.8(3.2)
脂質エネルギー比（%E）	26.3(6.9)
炭水化物エネルギー比（%E）	53.1(9.4)

序変数であることを考慮して，順序変数間の相関係数であるポリコリック相関係数をもとにカテゴリカル探索的因子分析（以下，CEFA）を行い，各中食品目を利用頻度の特徴によってグループ分けした。このCEFAでは，最尤法・プロマックス回転を用いた。その上で，構成された因子構造の妥当性を検証するため，ポリコリック相関係数を用いた標本相関行列をもとに，標本相関行列の推定値の標準誤差の対角行列を重み行列として使用する重み付け最小二乗法の拡張法（以下，WLSMV）で推計したカテゴリカル検証的因子分析（以下，CCFA）を行った。最後に，それらの因子を潜在変数として，CCFAと同じく，ポリコリック相関係数を用いた標本相関行列をもとにWLSMVで推計したカテゴリカル構造方程式モデリング（以下，CSEM）を行った。ただしCCFAやCSEMを推計する際，中食を分類する意義を確認するため，中食を分類せずに 1 因子解と仮定した推計結果と，中食を分類した

（ⅰ）

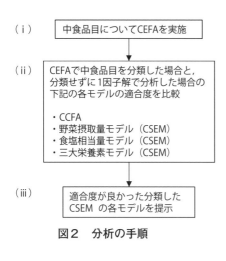

（ⅱ）

（ⅲ）

図2　分析の手順

推計結果の適合度指標を比較して，分類したモデルの適合度が高いことを確認した上でCSEMの推計結果を提示した。これらの推計は全て，統計解析ソフトウェアRを用いた。その際，CEFAはpsychパッケージを，CCFAとCSEMはlavaanパッケージを用いて分析した。以上の分析手順を，**図2**に示した。なお，適合度指標としては，CFI，RMSR，RMSEAの3指標を用いた。ここでCFIは0.95以上，RMSRとRMSEAは0.05以下が良い適合度とされる。またRMSEAは，0.1以上で当てはまりが悪いと判断される（豊田 2014）ことから，これらの基準値によってモデルの当てはまりを確認した。

　また，BDHQによる栄養素摂取量の推計は，ランク付けする能力は十分有するが，平均値を推定する能力は限られた栄養素でしか認められないとされる（Kobayashi et al. 2012）。そのためノンパラメトリックな検定手法を用いることとし，栄養素摂取量等の変数を順序変数とみなして分析した。

　また，CSEMにあたって，非有意のパスを全て残すと，分散の増加による精度の低下が起こり得ることが知られている。一方で，理論的に必要なパスはコントロールすべき変数として残す必要がある。そのため，本研究では内食・中食・外食頻度の規定要因として茂野（2004）や草苅（2006）が指摘した，世帯員数と勤務時間，食費が食事形態へ及ぼす影響のパスを残した。また，同じ外食でも，健康志向の強い高年齢層や高所得層は，ファストフードよりも栄養バランスのより良い外食を選ぶ可能性がある。そのため，食事形態から食品群・栄養素摂取への因果関係の検証においては，年齢や食費の影響をコントロールする必要があると判断し，パスを残すこととした。

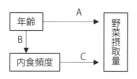

図3　直接効果，間接効果，総合効果の概念図

　更に，個人特性の変数がどのような経路で食品群・栄養素摂取を規定するのかを把握するため，間接効果の推計を行った。間接効果とは，例えば，年齢が高いほど内食頻度が多いため野菜摂取量が増加するといった，1つ以上の変数（ここでは内食頻度）を間に挟んだ間接的な効果を示す。図3の例では，年齢から内食頻度へのパス係数がB，内食頻度から野菜摂取量へのパス係数がCであるため，年齢から内食頻度を経て野菜摂取量へ及ぼす間接効果はB×Cとなる。なお，間接効果に対して，ある変数から異なる変数へ直接引いたパス係数Aを直接効果と呼ぶ。また，その直接効果Aと間接効果B×Cの合算を総合効果と呼ぶ。これらの効果の検討は，例えば年齢が，直接的に野菜摂取量を規定するのか，内食頻度を高めることで野菜摂取量を増加させるのか等，経路による影響度合いの比較が可能となるだけでなく，どういった経路が食品群・栄養素摂取を規定するかを検証できるため，摂取量の改善の際に直面し得るボトルネックの解明に資する。

4．結果

1）推計モデルの決定

　まず，中食に関するCEFAを行った。因子数の設定を変化させることによる統計的な当てはまりについてはサンプルサイズ調整済みベイジアン情報基準（以下，SABIC）の値を用いて判断を行った。比較の結果，SABICの値が最小であった3因子解を採用した。続いて，3因子解によるCEFAの結果を表2に示す。表2のうち，第1因子はコロッケや鶏の唐揚げ等で構成され

るため，中食（おかず）因子とした。第２因子は，弁当や寿司等で構成されるため，中食（主食）因子とした。第３因子は，うどんやそば，その他の麺類等で構成されるため，中食（麺類）因子とした。

　続いて，CEFAの結果に沿って中食を分類する意義を示すため，CCFA及びCSEMの各モデルの枠組みにおいて（註９），中食の品目を分類しない１因子解のモデルと分類した３因子解のモデルの適合度を比較した（註10）。各モデルの適合度を，表３に示す。まず，３因子解のモデルの適合度は，CCFAと食塩相当量モデル，三大栄養素モデルのRMSEAが0.05を超えるものの，RMSEAは0.1以上で当てはまりが悪いと判断できるため（豊田 2014），３因子解のモデルは概ね適合していると判断した。その上で，中食を分類した３因子解のモデルと分類しない１因子解のモデルの適合度を比較すると，いずれの数値でも中食を分類しない１因子解のモデルは中食を３つに分類した時と比べて悪化していた。このように，CEFAに沿った中食の分類がより現実に即していたことが示され，３因子解のモデルの妥当性が確認された。

表２　CEFA 結果

		平均（標準偏差）	F1	F2	F3
q1	コロッケ	1.679 (0.632)	-0.859	0.075	0.068
q2	その他の揚げ物*	1.470 (0.590)	-0.760	-0.104	0.002
q3	鶏の唐揚げ	1.542 (0.640)	-0.575	-0.164	-0.117
q4	天ぷら	1.355 (0.533)	-0.529	-0.237	0.009
q5	ギョーザ	1.467 (0.600)	-0.483	0.095	-0.534
q6	焼きとり	1.412 (0.602)	-0.461	-0.349	-0.089
q7	寿司*	1.616 (0.628)	-0.084	-0.742	0.106
q8	おにぎり	1.511 (0.710)	0.145	-0.718	-0.120
q9	サンドイッチ	1.542 (0.666)	-0.084	-0.692	-0.092
q10	弁当	1.523 (0.731)	-0.145	-0.626	-0.047
q11	うどん，そば	1.479 (0.667)	0.064	0.002	-0.867
q12	その他の麺類*	1.393 (0.602)	-0.007	-0.212	-0.669
	サラダ類*	1.650 (0.806)	-0.269	-0.227	-0.230
	肉まん	1.403 (0.589)	-0.360	-0.175	-0.228
	その他の調理パン類*	1.720 (0.774)	-0.277	-0.244	-0.193
	因子間相関		F1	0.539	0.380
			F2		0.523

註：その他の揚げ物は（えびフライ，豚カツ，肉だんご，春巻きなど），寿司は（巻き寿司，いなり寿司，ちらし寿司，にぎり寿司），その他の麺類は（焼きうどん，焼きそば，パスタ類など），サラダ類は（野菜サラダやポテトサラダ），その他の調理パン類（コロッケパン、焼きそばパンなど）

表3　中食分類別モデル適合度

	3因子解（分類あり）			1因子解（分類なし）		
	CFI	RMSEA	SRMR	CFI	RMSEA	SRMR
CCFA	0.987	0.056	0.038	0.927	0.126	0.082
CSEM						
野菜摂取量モデル	0.987	0.037	0.038	0.932	0.078	0.068
食塩相当量モデル	0.970	0.062	0.046	0.929	0.087	0.070
三大栄養素モデル	0.956	0.083	0.043	0.925	0.103	0.067

2）CSEMの推計結果

　続いて，CSEMの推計結果を**表4**に示す。個人特性間の相互関係として，【仮説1】は仮説通り，食費に対して年齢が正，世帯員数が負の影響を及ぼすことを確認した。【仮説2】では，仮説通り勤務時間が買い物不便へ正の影響を及ぼしていたが，年齢が買い物不便へ及ぼす影響は負に有意であり，仮説と異なる結果が示された。ここで，食料の支出シェアの規定要因を検証した草苅（2011）は，家計の食料支出や世帯規模等をコントロールした上で，調理食品・外食への年齢階層別の嗜好バイアスが若年層ほど高いことを示しており，若年層ほど簡便化志向が高いことを指摘している。本研究の推計結果でも，こうした若年層の食に係る家事への抵抗感から，買い物の不便への主観的評価が高く反映されたものと考えられる。

　個人特性が食事形態に及ぼす影響については，【仮説3】のうち内食頻度に対して，仮説通り，年齢と世帯員数が正，勤務時間が負の影響を及ぼしていた。一方で，食費が高いほど内食頻度が高いという仮説とは異なった結果が示された。例えば食費の高い消費者の方が食にこだわりを持ち，家庭での

（註9）中食頻度が高い人はどの因子の因子得点も高い可能性があるため，3因子解のモデルのCCFAでは，3因子が相互に関連し合うと想定し，両側矢線を引いて1つのモデルで分析した。

（註10）変数間の内的整合性を示すクロンバックα信頼係数は，3因子解のモデルの場合，中食（おかず）因子で0.849，中食（主食）因子で0.776，中食（麺類）因子で0.801と良好であった。1因子解のモデルのクロンバックα信頼係数は，0.895と良好であった。

表 4　食品群・栄養素摂取の規定要因

| | | | モデル1：
野菜摂取量
モデル | モデル2：
食塩相当量
モデル | モデル3：三大栄養素モデル | | |
					たんぱく質 エネルギー比	脂質 エネルギー比	炭水化物 エネルギー比
(a)個人特性間の相互関係【仮説 1-2】							
年齢	→	食費	0.270 **	0.274 **		0.265 **	
世帯員数	→	食費	-0.314 **	-0.309 **		-0.311 **	
勤務時間	→	食費					
年齢	→	買い物不便	-0.289 **	-0.280 **		-0.298 **	
勤務時間	→	買い物不便	0.088 *	0.089 *		0.088 *	
(b)個人特性が食事形態へ及ぼす影響【仮説 3】							
年齢	→	内食頻度	0.205 **	0.204 **		0.203 **	
世帯員数	→	内食頻度	0.158 *	0.175 *		0.173 *	
勤務時間	→	内食頻度	-0.129 *	-0.126 *		-0.128 *	
食費	→	内食頻度	0.131 **	0.131 **		0.141 **	
買い物不便	→	内食頻度	-	-		-	
年齢	→	中食（おかず）	-	-		-	
世帯員数	→	中食（おかず）	0.032	0.033		0.030	
勤務時間	→	中食（おかず）	0.049	0.049		0.051	
食費	→	中食（おかず）	0.025	0.028		0.020	
買い物不便	→	中食（おかず）	0.138 **	0.139 **		0.108 *	
年齢	→	中食（主食）	-	-		-	
世帯員数	→	中食（主食）	0.026	0.020		0.023	
勤務時間	→	中食（主食）	0.164 **	0.159 **		0.175 **	
食費	→	中食（主食）	0.107 *	0.109 *		0.123 *	
買い物不便	→	中食（主食）	0.162 **	0.293 **		0.121 **	
年齢	→	中食（麺類）	-	-		-	
世帯員数	→	中食（麺類）	0.030	0.029		0.025	
勤務時間	→	中食（麺類）	0.130 *	0.129 *		0.131 **	
食費	→	中食（麺類）	0.024	0.021		0.004	
買い物不便	→	中食（麺類）	0.135 **	0.134 **		0.116 **	
年齢	→	外食頻度	-0.193 **	-0.194 **		-0.212 **	
世帯員数	→	外食頻度	-0.089	-0.089		-0.099 *	
勤務時間	→	外食頻度	0.109 *	0.109 *		0.117 *	
食費	→	外食頻度	0.113 *	0.114 *		0.080	
買い物不便	→	外食頻度	-	-		-0.094 *	
(cde)個人特性・食事形態が食品群・栄養素摂取へ及ぼす影響【仮説 4-6】							
年齢	→	食品群・栄養素	0.087	0.113	0.148	-0.052	0.035
食費	→	食品群・栄養素	0.046	-0.022	-0.009	-0.032 **	-0.098 **
内食頻度	→	食品群・栄養素	0.119 *	-0.091 **	-	0.084 **	-0.085 **
中食（おかず）頻度	→	食品群・栄養素			-	-	-0.137 **
中食（主食）頻度	→	食品群・栄養素	-0.228 **	-0.169 **	-0.222 **	-	0.168 **
中食（麺類）頻度	→	食品群・栄養素	-	-	-	-0.142 **	-
外食頻度	→	食品群・栄養素	-	-	-	-	-0.130 **
サンプルサイズ			583	583	583		

註：いずれも標準化係数である。なお，潜在変数の因子負荷を割愛しているが，どのモデルでも全て統計的に有意であった。**，*，+はそれぞれ，1%，5%，10%水準で有意であったことを示す。

調理すなわち内食を促進させた可能性がある。中食（おかず）因子へは仮説通り，買い物不便が有意に正の影響を及ぼしていた。中食（主食）因子へは仮説通り，勤務時間と食費，買い物不便が正の影響を及ぼしていた。中食（麺類）因子へは仮説通り，勤務時間と買い物不便が正の影響を及ぼしていた。中食ではいずれも，買い物不便が中食消費に正の影響を及ぼしており，買い物不便が中食消費を規定する重要な要因である点が窺えた。外食頻度に対しては仮説通り，年齢が負，勤務時間が正の影響を及ぼしていた（註11）。

　個人特性・食事形態が食品群・栄養素摂取へ及ぼす影響については，【仮説4】の野菜摂取量へは，仮説通り内食頻度が正，中食（主食）因子が負の影響を及ぼしていた。【仮説5】の食塩相当量へは，内食頻度からの負の影響について仮説通りの結果を得た。一方，仮説と異なり中食（主食）因子も食塩相当量へ負の影響を及ぼしていた。中食（主食）因子が，必ずしも塩分の摂取に繋がる訳ではないようである。【仮説6】のうちたんぱく質エネルギー比には，中食（主食）因子が仮説通り負の影響を及ぼしていた。脂質エネルギー比には仮説通り，内食頻度が正，中食（麺類）因子が負の影響を及ぼしていた。一方で食費は，仮説と異なり脂質エネルギー比に対して負に有意な影響を及ぼしており，食費の高い層ほど脂質の少ない健康的な食生活を営んでいる様子が窺えた。炭水化物エネルギー比に対しては，仮説通り食費と内食頻度が負，中食（主食）因子が正の影響を及ぼしていた。一方で中食（おかず）因子や外食頻度は，仮説と異なり有意に負の影響を及ぼしており，中食でのおかずや外食の利用が，炭水化物エネルギー比を減退させていた。

3）個人特性が食品群・栄養素摂取を規定する経路の把握

　次に，年齢や世帯員数といった個人特性が食品群・栄養素摂取を規定する経路を検証するため，間接効果と総合効果の推計結果を示す（**表5**）。なお，

（註11）各モデルの間で，世帯員数と食費，買い物不便から外食頻度へのパスの有意性が異なるため，頑健な結果でないと判断し，これらのパスについては言及していない。

個人特性から食品群・栄養素摂取への直接的なパスは年齢と食費からのみ引いているため，その他の変数の総合効果と間接効果の合計は一致する。

　まず，年齢が野菜摂取量へ及ぼす影響については，直接効果は有意でないものの，内食頻度や買い物不便を経由した間接効果は正に有意であった。特に内食頻度を経た間接効果は大きく，年齢が高いほど内食頻度が高いため野菜を多く摂取する影響が確認された。年齢が食塩相当量へ及ぼす影響では，年齢が高いほど食費や内食頻度が高く，食塩相当量が減少する間接効果が確認された。ただし，統計的に有意でないものの，直接効果は大きくプラスであり，総合効果も正の符号を有していた。したがって，年齢が食塩相当量へ及ぼす直接的な影響は，比較的個人差が存在する可能性がある。年齢がたんぱく質エネルギー比へ及ぼす影響は，まず，食費を経由した負の間接効果が確認された。年齢が高いほど食費が高くなり，炭水化物の多い中食（主食）頻度が高いため，たんぱく質エネルギー比が減退するようである。一方で，年齢がたんぱく質エネルギー比へ及ぼす影響について，買い物不便を経由した間接効果は正に有意であった。年齢が高いほど買い物不便の度合いが低く，炭水化物の多い中食（主食）頻度が低いため，たんぱく質エネルギー比が増えるようである。年齢がたんぱく質エネルギー比へ及ぼす影響は，これら 2 つの間接効果が相殺し合っており，間接効果計は非有意となっていた。年齢が脂質エネルギー比へ及ぼす影響は，年齢が高いほど食費が高くなり，脂質エネルギー比が減退する等の食費を経由した間接効果が負に有意である一方，年齢が高いほど内食頻度が高く，脂質エネルギー比が増える間接効果は大きく正に有意であり，間接効果計ではプラスであった。ただし，統計的に有意でないものの，直接効果は大きくマイナスであり，総合効果も負の符号を有していた。年齢が炭水化物エネルギー比へ及ぼす影響は，年齢が高いほど食費が高く，内食頻度が高いため炭水化物エネルギー比が減退する間接効果を確認できた。ただし，年齢が高いほど外食を取らないため，炭水化物エネルギー比が増加する傾向も確認された。ここでも，炭水化物エネルギー比は年齢の高さによって直接的に規定されるのでなく，食事形態の選択を通して間

第 2 章　中食消費と食品摂取

表 5　食品群・栄養素摂取に対する個人特性の間接効果と総合効果

| | | モデル1:
野菜摂取量
モデル | モデル2:
食塩相当量
モデル | モデル3:三大栄養素モデル | | |
				たんぱく質 エネルギー比	脂質 エネルギー比	炭水化物 エネルギー比
年齢	間接効果					
	食費経由	0.010	-0.014 **	-0.010 **	-0.006 **	-0.027 **
	買い物不便経由	0.011 *	0.014 **	0.008 **	0.005 **	-0.005 *
	内食頻度経由	0.029 *	-0.022 **	-	0.020 **	-0.020 **
	中食（おかず）経由	-	-	-	-	0.004
	中食（主食）経由	-0.007 +	0.009 *	0.001	-	-0.001
	中食（麺類）経由	-	-	-	0.005 *	-
	外食頻度経由	-	-	-	-	0.021 **
	間接効果計	0.045 **	-0.019 *	-0.002	0.016 **	-0.022 *
	直接効果	0.087	0.113	0.148	-0.052	0.035
	総合効果	0.132 **	0.094	0.146	-0.036	0.013
食費	間接効果					
	内食頻度経由	0.016 +	-0.012 *	-	0.012 *	-0.012 *
	中食（おかず）経由	-	-	-	-	-0.003
	中食（主食）経由	-0.024 *	-0.018 *	-0.027 *	-	0.021 *
	中食（麺類）経由	-	-	-	-0.001	-
	外食頻度経由	-	-	-	-	-0.010 +
	間接効果計	-0.009	-0.030 **	-0.027 *	0.011	-0.004
	直接効果	0.046	-0.022	-0.009	-0.032 **	-0.098 **
	総合効果	0.037	-0.052 **	-0.037 *	-0.021 *	-0.103 **
世帯員数	間接効果					
	食費経由	-0.012	0.016 **	0.011	0.007 **	0.032 **
	内食頻度経由	0.014	-0.012	-	0.011 *	-0.011 *
	中食（おかず）経由	-	-	-	-	-0.003
	中食（主食）経由	0.002	0.002	0.003	-	0.185 **
	中食（麺類）経由	-	-	-	-0.003	-
	外食頻度経由	-	-	-	-	0.016 *
	間接効果計	0.001	-0.003	0.006	0.018	0.218 **
勤務時間	間接効果					
	買い物不便経由	-0.003 +	-0.004 +	-0.002	-0.001	0.002
	内食頻度経由	-0.015 +	0.011 +	-	-0.011 *	0.011 *
	中食（おかず）経由	-	-	-	-	-0.008
	中食（主食）経由	-0.041 **	-0.031 **	-0.041 **	-	0.031 **
	中食（麺類）経由	-	-	-	-0.020 **	-
	外食頻度経由	-	-	-	-	-0.014 *
	間接効果計	-0.056 **	-0.020 *	-0.041 **	-0.031 **	0.020 *
買い物不便	間接効果					
	中食（おかず）経由	-	-	-	-	-0.015 *
	中食（主食）経由	-0.037 **	-0.050 **	-0.027 **	-	0.020 **
	中食（麺類）経由	-	-	-	-0.016 **	-
	外食経由	-	-	-	-	0.012 *
	間接効果計	-0.037 **	-0.050 **	-0.027 **	-0.016 **	0.018 **

註：いずれも標準化係数である。**，*，＋はそれぞれ 1%，5%，10%水準で有意であったことを示す。－は，第 5
表の CSEM の推計で非有意なためパスが引かれなかったため提示できない間接効果を示す。なお，例えば内食
経由の間接効果は，内食を経由する間接効果全てを含んでいる。そのためここでは，食費が内食頻度へ影響を
及ぼし，食品群・栄養素摂取へ影響する間接効果を，食費経由と内食頻度経由の両方へ反映しており，間接効
果の各項目の合算と間接効果計は等しくない場合がある。

41

接的に規定される傾向を確認できた。

　食費が野菜摂取量へ及ぼす影響は，内食頻度を経由した正の間接効果と中食（主食）を経由した負の間接効果が相殺し合っており，全体では有意な結果は確認できなかった。直接効果も統計的に有意でないことから，食費が高ければ野菜摂取量の多い食生活を送れるという訳でなく，各個人の食事形態の意志決定によって影響が大きく異なることが窺えた。食費が食塩相当量へ及ぼす影響は，食費が高いほど内食や中食（主食）頻度が高く，食塩相当量が減退する効果があり，総合効果も負に有意であった。食費がたんぱく質エネルギー比へ及ぼす影響は，食費が高いほど炭水化物の多い中食（主食）頻度が高まり，たんぱく質エネルギー比へ負の影響を及ぼす間接効果が確認された。食費から脂質エネルギー比への影響は，食費が高いほど内食頻度が高く，脂質エネルギー比が増加する間接効果を確認できた。ただし，直接効果が統計的に有意に負であったことから，総合効果も負に有意であった。食事形態の選択による影響もあるものの，食費が直接的により強く脂質エネルギー比へ影響する傾向が窺えた。食費が炭水化物エネルギー比へ及ぼす影響は，内食・外食頻度を経由した負の間接効果と中食（主食）頻度を経由した正の間接効果が相殺しあっており，間接効果計は有意でなかった。ただし，直接効果と総合効果は統計的に有意に負であった。食費が炭水化物エネルギー比へ及ぼす影響は，食事形態の選択を通した効果と，直接的に炭水化物エネルギー比を規定する効果の2つの効果が併存していた。直接効果が比較的大きい状況にあり，食事形態の選択を通して炭水化物エネルギー比がいくらか減少するものの，食費が直接的に強く影響する傾向が窺えた。

　世帯員数が食塩相当量へ及ぼす影響については，世帯員数が多いほど食費が低く，内食頻度や中食（主食）頻度が低いため，食塩相当量が増える等の，食費を経由した間接効果が正に有意であった。世帯員数がたんぱく質エネルギー比へ及ぼす影響でも，世帯員数が多いほど食費が低く，中食（主食）頻度が低いため，たんぱく質エネルギー比が増える等の，食費を経由した間接効果が正に有意であった。世帯員数が脂質エネルギー比へ及ぼす影響は，食

費や内食を経由した間接効果が有意に正であり，世帯員数が多いほど内食頻度が高く，また食費が低いため脂質エネルギー比が増加する影響が確認された。世帯員数が炭水化物エネルギー比へ及ぼす影響は，世帯員数が多いほど食費が減って，炭水化物エネルギー比が増加する間接効果や，世帯員数が多いほど中食（主食）頻度が増加し，炭水化物エネルギー比を増加させる間接効果，世帯員数が多いほど外食頻度が低下し，炭水化物エネルギー比を増加させる間接効果を確認できた。一方，世帯員数が多いほど内食頻度が高まり，炭水化物エネルギー比を減退させる間接効果も確認された。こうした炭水化物エネルギー比への影響では，中食（主食）頻度を経由した間接効果が比較的大きな影響を及ぼしていた。

　勤務時間が野菜摂取量へ及ぼす影響については，勤務時間が長いほど買い物不便の度合いが高まり，内食頻度が低く，中食（主食）頻度が高いため野菜摂取量が減退する間接効果が確認された。勤務時間が食塩相当量へ及ぼす影響は，特に中食（主食）頻度を経由した間接効果の絶対値が大きく負に有意であり，総合効果の大きさも負であった。勤務時間がたんぱく質エネルギー比へ及ぼす影響では，勤務時間が長いほど中食（主食）頻度が高く，たんぱく質エネルギー比へ負の影響を及ぼす間接効果が確認された。勤務時間が脂質エネルギー比へ及ぼす影響は，勤務時間が長いほど内食頻度が低く脂質エネルギー比が減退する間接効果や，勤務時間が長いほど中食（麺類）頻度が高く脂質エネルギー比が減退する間接効果を確認した。勤務時間が炭水化物エネルギー比へ及ぼす影響は，内食頻度や中食（主食）頻度を経由した間接効果が正なのに対し，外食頻度を経由した間接効果が負であり，総合効果では有意に正値を示した。このように勤務時間の違いが，食事形態の選択を通して食品群・栄養素摂取の状況を規定する影響が示された。

　最後に買い物不便は，中食（主食）頻度が高くなることで野菜摂取量や食塩相当量，たんぱく質エネルギー比へ負に有意な影響を及ぼしていた。買い物不便から脂質エネルギー比へは，中食（麺類）頻度が高くなることを通じて負の影響を及ぼしていた。買い物不便から炭水化物エネルギー比へは，中

食（おかず）頻度が高いことによる間接効果が負である一方，中食（主食）頻度や外食頻度が高いことによる間接効果が有意に正であり，総合効果も正となっていた。買い物不便の度合いが高いほど，中食や外食の頻度が高くなるため炭水化物エネルギー比が増加し，本研究で検証したそれ以外の食品群・栄養素摂取が減退する傾向が窺えた。

5．おわりに

　本研究では，中食を利用頻度別に主食，おかず，麺類に分類し，それらが栄養素摂取へ及ぼす影響をCSEMで検証した。またその際，年齢や食費，内食・外食頻度といった要因の影響をコントロールした。更に，間接効果を推計し，個人特性の各変数がどのような経路で食品群・栄養素摂取を規定するのかを検証した。

　先行研究において，中食頻度が脂質エネルギー比を増加させると指摘されてきたが，本研究では新たに中食（麺類）頻度が脂質エネルギー比へ負の影響を及ぼすことをCSEMの推計結果から確認できた。また，年齢や食費をコントロールしても，主食的調理食品の影響を検証した児玉（2013）と同様に，中食（主食）頻度が野菜摂取量へ負の影響を及ぼすことを確認できた（註12）。更に，中食（主食）頻度が炭水化物エネルギー比へ正の影響を及ぼす一方で，中食（おかず）頻度や外食頻度が炭水化物エネルギー比へ負の影響を及ぼすことを確認した。このように中食を分類した上で，因果関係を検証することができた。この他，内食頻度が高いほど野菜摂取量や脂質エネルギー比が増加し，食塩相当量や炭水化物エネルギー比が減退する傾向となっており，八木ら（2019）と同様に，内食が健康的な食生活へ繋がる点が示唆された。

　個人特性が食品群・栄養素摂取を規定する経路については，多くの示唆を得ることができた。例えば，年齢から食品群・栄養素摂取への直接的な効果はいずれも有意でない一方で，食事形態等を経由した間接効果は統計的に有

意な場合が多く，年齢が食事形態の選択を通して食品群・栄養素摂取へ影響
を及ぼす点が確認された。また，食費が野菜摂取量へ及ぼす影響において，
直接効果が有意でなく，内食頻度経由の正の間接効果と中食（主食）頻度経
由の負の間接効果が相殺し合っていることから，食費が高ければ野菜摂取量
の多い食生活を送れる訳でなく，各個人の食事形態の意志決定によって影響
が大きく異なる傾向が窺えた。一方で，脂質エネルギー比や炭水化物エネル
ギー比に対しては，食費が直接的に摂取量を規定しており，食費の悪化がダ
イレクトに食生活に影響する点を確認できた。

　以上のように，食費が直接的に脂質エネルギー比と炭水化物エネルギー比
を規定する効果も見られるものの，それ以外では，個人特性が食事形態の選
択を通して食品群・栄養素摂取へ影響を及ぼす傾向にあり，食事形態の選択
が健康的な食生活を営む上で非常に重要である点が示唆された。こうした知
見は，食品群・栄養素摂取の改善に有効な食事形態の提案や，食品群・栄養
素摂取の改善に向けた取組のエビデンスとなると考える。例えば本研究で得
られた知見から，若年層における野菜摂取量の改善に向けて内食頻度の拡大
が有用な点や，食費から脂質エネルギー比や炭水化物エネルギー比へ及ぼす
影響の多くは直接効果が占めており，米国で見られる低所得層へのフード・
スタンプ制度等の経済的な支援が有効であり得る点，中食（主食）頻度が野
菜摂取量やたんぱく質エネルギー比の減退と，炭水化物エネルギー比の上昇
に大きな影響を及ぼしており，中食（主食）頻度の多い食生活の是正が求め
られる点，中食（おかず）や外食の活用が炭水化物エネルギー比の減退とい
う点では有用であること等が示された。今後の研究課題としては，外食にも
ファストフードやファミリーレストランなど多様な形態があるため，これら
も分類した分析の必要性が挙げられる。

（註12）児玉（2013）は，総務省『平成21年全国消費実態調査』の分類をもとに主
　　　食的調理食品と他の調理食品に分類して栄養素摂取の状況を検証しているが，
　　　このうち主食的調理食品は，弁当，すし，おにぎり・その他等で構成される
　　　ため，本研究の中食（主食）因子に対応するものと想定できる。

［付記］

　本章は，八木・高橋・薬師寺・伊藤（2020）を再構成し，加筆・修正した
ものである。

引用文献

石川有希子・宮川淳美・髙橋佳子・吉村雅子・安川由江・吉野有夏・櫻井愛子・
　納富あずさ・古畑公（2018）「妊婦における主食・主菜・副菜のそろった食事の
　頻度と栄養素および食品摂取状況について～松戸市の実態調査～」『日本栄養士
　会雑誌』61（4）：31-39。https://doi.org/10.11379/jjda.61.205.

Kobayashi Satomi, Kentaro Murakami, Satoshi Sasaki, Hitomi Okubo, Naoko
　Hirata, Akiko Notsu, Mitsuru Fukui and Chigusa Date（2011）Comparison of
　relative validity of food group intakes estimated by comprehensive and brief-
　type self-administered diet history questionnaires against 16 d dietary records
　in Japanese adults, *Public Health Nutrition* 14（7）：1200-1211.
　https://doi.org/10.1017/S1368980011000504.

Kobayashi Satomi, Satoru Honda, Kentaro Murakami, Satoshi Sasaki, Hitomi
　Okubo, Naoko Hirota, Akiko Notsu, Mitsuru Fukui and Chigusa Date（2012）
　Both Comprehensive and Brief Self-Administered Diet History Questionnaires
　Satisfactorily Rank Nutrient Intakes in Japanese Adults, *J Epidemiol* 22（2）：
　151-159. https://doi.org/10.2188/jea.JE20110075.

小林真琴・小林ゆかり・小林良清（2010）「青年期から中年期をターゲットとした
　健康づくり施策（食環境整備）の検討：平成19年度県民健康栄養調査結果から」『信
　州公衆衛生雑誌』4（2）：5-10。

児玉小百合（2013）「食の外部化にみる都道府県単位の食品の消費パターンと栄養
　習慣・食生活支援環境の関連性」『厚生の指標』60（1）：1-9。

Koga Minori, Atsuhito Toyomaki, Akane Miyazaki, Yukiei Nakai, Atsuko
　Yamaguchi, Chizuru Kubo, Junko Suzuki, Iwao Ohkubo, Mari Shimizu, Manabu
　Musashi, Yoshinobu Kiso and Ichiro Kusumi（2017）Mediators of the effects of
　rice intake on health in individuals consuming a traditional Japanese diet
　centered on rice *PLoS ONE* 12（10）：1-11.
　https://doi.org/10.1371/journal.pone.0185816.

古谷野亘・上野正子・今枝眞理子（2006）「健康意識・健康行動をもたらす潜在因子」
　『日本公衆衛生雑誌』53（11）：842-850。https://doi.org/10.11236/jph.53.11_842.

熊谷修・渡辺修一郎・柴田博・天野秀紀・藤原佳則・新開省二・吉田英世・鈴木
　隆雄・湯川晴美・安村誠司・芳賀博（2003）「地域在宅高齢者における食品摂取
　の多様性と高次生活機能低下の関連」『日本公衆衛生雑誌』50（12）：1117-1124。

https://doi.org/10.11236/jph.50.12_1117.

草苅仁（2006）「家計生産の派生需要としての食材需要関数の推計」『2006年度日本農業経済学会論文集』139-144。

草苅仁（2011）「食料消費の現代的課題―家計と農業の連携可能性を探る―」『農業経済研究』83（3）：146-160。https://doi.org/10.11472/nokei.83.146.

日本総菜協会（2018）『2018年版　総菜白書』産経広告社。

茂野隆一（2004）「食料消費における家事の外部化：需要体系による接近」『生活経済学研究』19：147-158。https://doi.org/10.18961/seikatsukeizaigaku.19.0_147.

豊田秀樹（2003）『共分散構造分析―構造方程式モデリング―疑問編』朝倉書店。

豊田秀樹（2014）『共分散構造分析［R編］―構造方程式モデリング―』東京図書。

津村有紀・荻布智恵・広田直子・曽根良昭（2004）「食品摂取状況からみた高齢者の食生活」『生活科学研究誌』3：47-54。

八木浩平・高橋克也・菊島良介・山口美輪・大浦裕二・玉木志穂・山本淳子（2019）「首都圏在住の成人男性における食事形態と栄養素摂取の関係」『フードシステム研究』26（1）：2-11。https://doi.org/10.5874/jfsr.26.1_2.

八木浩平・高橋克也・薬師寺哲郎・伊藤暢宏（2020）「多様な中食消費と個人特性，食品群・栄養素摂取の関係―カテゴリカル構造方程式モデリングによる分析―」『農林水産政策研究』32：1-16。http://doi.org/10.34444/00000123

薬師寺哲郎（2015）『超高齢社会における食料品アクセス問題―買い物難民，買い物弱者，フードデザート問題の解決に向けて―』ハーベスト社。

薬師寺哲郎（2017）「食料消費の将来推計」『需要拡大に向けた主要農水産物サプライチェーンにおける課題と取り組むべき方向』農林水産政策研究所・食料供給プロジェクト【品目別分析】研究資料第4号，3-35。

第3章

小売店舗選択と食品摂取
—選択の同時決定性を考慮したアプローチ—

伊藤 暢宏

1．研究の背景と目的

　現在『健康日本21』や『食事バランスガイド』など，肥満や食生活の改善について政策的な後押しがされている。こうした状況から，個人が食生活を改善させるために，意識や態度がいかにして行動に影響をもたらしているかなど，食生活行動の変容に関する研究が行われている（赤松・武見 2007; 高石ら 2016）。しかし，文部科学省他（2016）が指摘しているように，60歳代に比べ，若年世代では魚介類，豆類，乳類，野菜類，果実類といった食品群の摂取が少ない状況である。そのため，個人のみで食生活を改善することは困難で「食環境（Food Environment; Story et al. 2008d）」や「食生態学（武見 2012）」として議論されているような店舗や社会経済要因を含めた環境要因の考慮は食生活を考察する上で重要であろう。Story et al.（2008）は食環境について，図1のような概念として説明している。人間が食に関わる段階を「個人要素」「社会環境」「物理環境」「マクロ環境」の4段階に分解し，それぞれに含まれる要素と食生活との関係を探っていこうとするものである。「個人要素」には，態度，好み，知識を始めとした食への認知やスキルと行動，ライフスタイル，遺伝子や性別等生物学的要素，所得や人種等の社会人口学的要素が含まれる。「社会環境」には家族や友人，仲間の影響が考えられており，個人要素よりやや広い影響関係を捉えようとしている。さらにその外側には「物理環境」として家庭や職場，学校だけでなく，居住地の近隣環境や飲食店，スーパーマーケット（以下，スーパー）・コンビニエンスストア（以下，コンビニ）の存在，また自動車や公共交通などの移動手段の有無といっ

出所：Story et al.（2008）より筆者作成

図1　食環境（Food Environment）の概念図

た個人が生活している環境を食生活への影響要因として考えている。それらよりもより全体的な影響を与えうるものとして，各種政策や社会的文化的な規範や価値，メディア，食品の生産流通システム等の「マクロ環境」が位置付けられている。

　食環境について，入山・村山（2012）や入山（2014）のように栄養教育などによる介入から食生活や健康指標に及ぼす影響が議論されている一方で，介入無しの食環境を所与とした場合の食生活や健康状態の特徴の分析も行われている。例えば，薬師寺（2015）による食料品アクセス問題の研究では，店舗へのアクセス困難者について議論しており，食生活や健康・栄養状態と店舗環境は密接な関連があるとしている。特に高齢のアクセス困難者は生鮮食品を摂取できる頻度の減少によって，食品摂取の多様性が低くなってしまう可能性も指摘されており，それによる栄養状態の低下が懸念されている。また，食料品アクセス問題とは別にMorland et al.（2006）は，周辺にスーパーがある人は周辺にコンビニがある人と比べて，肥満や過体重にある人が少ないことを指摘した。周辺店舗のような購買環境によって個人が食品を選択する際の選択肢集合が限定され，結果として肥満や過体重につながることが示唆されている。それ以外にもCobb et al.（2015）がレビュー論文としてまとめているように，食品を購買する店舗と肥満との関係を指摘した複数の研究がある。これらの研究では，被験者のBMIや肥満率といった体組成データと店舗の立地データとを組み合わせることで食環境が食生活に与える影響を考察している。

　これらの研究から，個人の周囲に存在する小売店舗のような食環境の整備によって食生活や健康・栄養状態を改善できる可能性が考えられる。そのた

め，個人の小売店舗選択行動と食生活との関連をより包括的に明らかにする必要があるが，上述の既存研究では，食料品購入において複数店舗での買い回りが考慮されていない。特に我が国では，食品は多頻度少量の購入が一般的であり，スーパーやコンビニなど複数の小売店舗で買い回りを行うことも珍しくはない。そのため，買い回りのようにスーパーと農産物直売所などの異なる形態の店舗を補完的に用いる場合や，セールの有無や自宅からの近さなどの理由から，スーパーの代わりに生協を代替的に用いる場合など，選択の同時性を考慮する必要がある。さらに，米の摂取増加によるパンの摂取減少や，パンの摂取増加による乳製品の摂取増加といった品目間の代替・補完関係のように，人間の胃袋は有限であることから，ある食品を摂取する場合，他の食品の摂取も同時に決定されることが多い。そのため，食品の摂取においても複数種類の品目から同時に選択するという行動を考慮する必要があろう。そこで本研究では，健康・栄養状態の改善に資する食環境整備の考察として，食品を購買する小売店舗の選択と食生活との関係を分析する。その際，小売店舗選択の同時性と食品摂取の同時性を考慮したアプローチを採用し，両者の関係を明らかにする。

2．分析の枠組みとデータ

1）分析の枠組み

本研究では，小売店舗の選択及び食品選択の同時決定性を考慮した2種類の手法を用いた2段階推定を行う。第1段階の推定では食品を購入する小売店舗の選択をMultivariate Probit Modelで，第2段階の推定では食品摂取頻度をSUR（Seemingly Unrelated Regression）でそれぞれ分析する。第1段階では，複数の小売店舗を選択することに伴う同時決定性に，第2段階では，複数の食品の摂取に伴う同時決定性にそれぞれ対処する。すなわち，食品の摂取においては，初めにスーパーやコンビニ等の利用する小売店舗を決定し，その後に食品を摂取するという意思決定をモデル化するために2段階での推

定を行う。誤差項に相関を仮定することで同時決定性を考慮するこれらの手法を用いる理由は，小売店舗選択及び食品摂取頻度がすでに決定している横断面データを用いるからである。第1段階の推定式を（1）式，第2段階の推定式を（2）式にそれぞれ示した。

$$z_{ij} = \begin{cases} 1, & if\ z^*_{ij} = X_i\alpha_j + \varepsilon_{ij} > 0 \\ 0, & if\ z^*_{ij} = X_i\alpha_j + \varepsilon_{ij} \leq 0 \end{cases}$$
$$where\ \varepsilon_{ij} \sim MVN[0,\Sigma]...(1)$$

$$Y_{ik} = \hat{z}_i\beta_k + X_i\gamma_j + u_{ik}$$
$$where\ u_{ij} \sim MVN[0,\Sigma]...(2)$$

（1）式において，z_{ij}は個人 i の小売店舗選択を示す2値変数，z^*_{ij}は潜在変数，X_iは説明変数，α_jは小売店舗j（$j = 1, \cdots, 5$）のパラメータ，ε_{ij}は誤差項をそれぞれ示すベクトル，Σは分散共分散行列を示す。なお，誤差項間には多変量正規分布を仮定している。（2）式において，Y_{ik}は食品摂取頻度を示す被説明変数，$\hat{z}_i$は第1段階の推定で得られた小売店舗選択の予測確率，X_iは説明変数，β_k，γ_kは品目k（$k = 1, \cdots, 14$）のパラメータ，u_{ik}は誤差項をそれぞれ示すベクトル，Σは分散共分散行列を示す。第2段階の推定で通常のダミー変数として小売店舗選択の変数を用いるのではなく，第1段階の推定結果から得られる予測確率である$\hat{z}_i$を用いるのは，同時決定性を考慮した上での小売店舗の選択傾向の影響を検討するためである。したがって，（2）式のβ_kの値を検討することで，同時性をコントロールした上で選択された小売店舗が食品摂取頻度に与える影響を考察できる。

　第1段階は小売店舗の選択の推定である。小売店舗の種類によって価格帯や，生鮮品または惣菜食品中心といった品揃えも異なる。そのため，小売店舗の選択に影響を与えうる説明変数に世帯類型や世帯年収を採用した。また，小売店舗によっては，都市圏に立地しているか否かといった地域性が予想されるため，地域も説明変数に加えている。第2段階では以上の変数の影響を

各小売店舗選択の予測確率で考慮することに加え，最終的な食品の摂取頻度は個人が決定するという特徴から，世帯属性より個人属性を中心に説明変数に組み入れている。

2）データ

　分析には，2015年度に農林水産省が実施した『平成27年度食育活動の全国展開委託事業』の「食育推進のための調査」の個票データを用いる。対象地域は全国で，当初のサンプルサイズは1万人であったが，同様の形式の質問に全て同じ回答をしている場合や回答矛盾，買い物をしていない場合，所得が不明などの回答を削除するデータクリーニングを行い，最終的に5,305名分のデータを分析に用いた。また，小売店舗は次の5種類に設定した。スーパーと八百屋などの専門小売店を「一般小売店」，生協と農産物直売所，コンビニはそれぞれ「生協」「直売所」「コンビニ」，カタログ通販とインターネット通販を「通販」と分類した（註1）。食品の摂取頻度は朝昼夕食のそれぞれで1週間のうち何日間各品目を摂取するかを質問した（註2）。対象品目は，米，パン類，麺類，肉類，魚介類，卵，大豆製品，野菜，いも類，きのこ類，海藻類，牛乳，乳製品，果実類の14品目である。

　データの記述統計を**表1**に示した。利用している小売店舗を見ると，ほとんどの人が一般小売店を利用しているが，生協やコンビニもそれぞれ2割前後の人が利用していることが分かる。また，利用している小売店舗数の平均は約1.5であり，多くの人は複数の小売店舗を利用して食品の買い物をして

（註1）「専門小売店」利用者はごくわずかであったため，「一般小売店」利用者のほとんどは「スーパー」利用者である。

（註2）例えば，朝食に米を毎日食べるのであれば7，全く食べなければ0とし，その3食分の回答の総和としてスコア化した。そのため，各品目とも最小値は0，最大値は21である。摂取頻度のようなカウントデータの場合，ポアソン回帰分析の適用が多い。しかし，各食品摂取頻度の分布を確認すると，ほとんどの品目でポアソン分布のような分布形ではなかったため，本研究ではカウントデータとしてではなく「得点」と見なしてSUR分析を行った。

表1　記述統計

	変数	平均	(標準偏差)
性別	男性=1，女性=0	0.47	(0.50)
年齢		47.87	(15.23)
職の有無	有職者	0.53	(0.50)
居住地域	一都三県の区部・市部	0.36	(0.48)
	愛知県の市部	0.06	(0.24)
	大阪府の市部	0.07	(0.26)
	上記以外	0.51	(0.50)
世帯類型	単独	0.16	(0.36)
	夫婦のみ	0.27	(0.45)
	夫婦と子供	0.43	(0.50)
	ひとり親と子供	0.05	(0.22)
	その他	0.09	(0.28)
	子供あり	0.18	(0.39)
世帯属性	共働き家計	0.56	(0.50)
世帯年収	400万円未満	0.38	(0.49)
	400万以上800万円未満	0.43	(0.50)
	800万円以上	0.18	(0.39)
小売店舗（複数選択）	一般小売店	0.99	(0.12)
	生協	0.18	(0.39)
	直売所	0.06	(0.24)
	通販	0.05	(0.21)
	コンビニ	0.22	(0.41)
	利用店舗数	1.50	(0.70)
食品摂取頻度	米	11.34	(4.93)
	パン類	5.08	(3.50)
	麺類	3.01	(2.34)
	肉類	6.31	(3.76)
	魚介類	4.25	(2.99)
	卵	5.78	(3.65)
	大豆製品	5.18	(4.16)
	野菜	12.22	(5.99)
	いも類	2.91	(2.85)
	きのこ類	3.42	(3.31)
	海藻類	3.40	(3.41)
	牛乳	4.40	(4.55)
	乳製品	4.96	(4.15)
	果実類	4.98	(4.73)
サンプルサイズ		5,305	

出所：Web調査より筆者作成。
註：一都三県とは東京都・神奈川県・埼玉県・千葉県を指す。

いるとみられる。また，食品の摂取頻度を見ると，米と野菜は10回を超えており，1週間の食事の半分程度でこれらを摂取していると考えられる。一方で，これらの品目に比べて，いも類やきのこ類，海藻類や魚介類は3回程度と回数が少なくなっている。

　表2に，利用している小売店舗の組み合わせの一覧を示した。1種類の小

表2　利用店舗の組み合わせ

	利用店舗組み合わせ	人数	%	単複別店舗利用割合
1種類店舗利用	一般小売店のみ	3,142	59.23%	
	生協のみ	40	0.75%	
	コンビニのみ	14	0.26%	60.30%
	通販のみ	3	0.06%	
	直売所のみ	0	0.00%	
複数種類店舗利用	一般小売店+コンビニ	812	15.31%	
	一般小売店+生協	603	11.37%	
	一般小売店+生協+コンビニ	161	3.03%	
	一般小売店+直売所	140	2.64%	
	一般小売店+通販	93	1.75%	
	一般小売店+生協+直売所	74	1.39%	
	一般小売店+通販+コンビニ	58	1.09%	
	一般小売店+直売所+コンビニ	37	0.70%	
	一般小売店+生協+直売所+コンビニ	31	0.58%	
	一般小売店+生協+通販	27	0.51%	
	一般小売店+直売所+通販	13	0.25%	39.70%
	5種類全て利用	12	0.23%	
	一般小売店+生協+通販+コンビニ	11	0.21%	
	一般小売店+直売所+通販+コンビニ	9	0.17%	
	一般小売店+生協+直売所+通販	8	0.15%	
	生協+コンビニ	6	0.11%	
	通販+コンビニ	3	0.06%	
	生協+直売所	3	0.06%	
	直売所+通販+コンビニ	2	0.04%	
	生協+通販	1	0.02%	
	生協+通販+コンビニ	1	0.02%	
	生協+直売所+コンビニ	1	0.02%	
	合計	5,305	100.00%	100.00%

出所：Web調査より筆者作成。

売店舗のみの利用者は全体の約60％であり，うちほとんどが「一般小売店のみ」の利用である。複数の小売店舗の利用者は全体の約40％であり，うち約15％が「一般小売店＋生協」と約11％が「一般小売店＋コンビニ」の利用が占めることから，これら3種類で買い物パターンの約86％が占められる。一方で，それ以外の組み合わせや複数種類の店舗を組み合わせて買い物をしている人は少ないことから，多くの人はスーパーを中心とした一般小売店で普段の買い物を行うが，生協やコンビニも補完的に利用するという実態が明らかになった。

3．分析結果

1）食生活意識変数の作成

　分析に先立ち，食料品の購入や食品摂取といった食生活に影響を及ぼす説明変数として食生活意識の変数を作成する。食生活意識は，前述のStory et al.（2008）の概念図では個人要素に当たり，食環境を考える上で必要な要素である。最尤法による因子分析を用いて結果を得た（**表3**）（註3）。因子分析の結果，3因子が抽出された。第1因子は「主食，主菜，副菜がそろった食事をとる」「多くの食材を使った食事をとる」「規則正しい時間に食事をと

表3　因子分析の結果

質問項目	食事多彩因子	国産・環境因子	節約因子
主食，主菜，副菜がそろった食事をとる	<u>0.84</u>	-0.01	-0.11
多くの食材を使った食事をとる	<u>0.76</u>	0.14	-0.15
規則正しい時間に食事をとる	<u>0.74</u>	-0.17	0.02
一日3食の食事を欠食せずにとる	<u>0.69</u>	-0.23	0.06
自分や家族の健康面に配慮する	<u>0.50</u>	0.27	0.02
季節の食材を取り入れた食事をとる	<u>0.48</u>	0.38	-0.11
地元の食材を用いる	-0.20	<u>0.92</u>	0.02
環境に配慮した農水産物を利用する	-0.13	<u>0.85</u>	-0.03
国産の食材を用いる	-0.12	<u>0.79</u>	0.10
栄養成分表示を参考にする	0.21	<u>0.46</u>	-0.05
なるべく残さず食べる	-0.04	0.01	<u>0.62</u>
食材をムダにしない	0.01	0.17	<u>0.60</u>
費用をかけない	-0.04	-0.09	<u>0.41</u>
家族や自分の好みにあう食事をとる	0.37	0.11	0.10
ごはんを中心とした食事をとる	0.33	0.05	0.12
家族や友人などと一緒に食事をとる	0.39	0.12	-0.03
満腹になる食事をとる	0.08	0.02	0.14
準備の時間，手間をかける	0.24	0.36	-0.07
体重や体型をコントロールする	0.21	0.32	0.04
寄与率	0.46	0.42	0.13
累積寄与率	0.46	0.87	1.00

出所：筆者作成。
註：太字・下線は因子負荷量の絶対値が 0.4 以上で因子と関係の強い項目を示す。

（註3）最尤法を用いた因子分析にプロマックス回転法を適用した。ただし，ヘイウッドケースが生じたため，それが生じない因子数まで因子を減らし，最終的に3因子を抽出した。なお因子負荷量の絶対値が0.4以上の項目を関係が強い項目とした。

る」といった食事の多彩さや季節性・規則性の項目と関係が強いため「食事
多彩因子」と名付けた。第2因子は「地元の食材を用いる」「環境に配慮し
た農水産物を利用する」「国産の食材を用いる」のように国産品，環境配慮
といった項目と関係が強いため「国産・環境因子」とした。第3因子は，「な
るべく残さず食べる」「食材をムダにしない」「費用をかけない」といった項
目と関係が強いため「節約因子」とした。この結果から，各因子の因子得点
を計算し，食生活意識変数を作成した。

2）第1段階の推定結果

　表4は（1）式で示した第1段階の推定の結果，表5は推定で得られた誤
差項の相関行列の結果である。表1で示したように一般小売店はほとんどの
人が利用していることから，属性による統計的な有意差はあまり現れず，共
働き家計のみが有意に正であった。生協や直売所は年齢が高めで，仕事をし
ておらず，単独世帯以外で家族と同居している世帯の利用傾向が高い。直売
所は立地の関係から，都市部以外に居住している人（「上記以外」）での利用
が高い。また，通販やコンビニは単独世帯の利用が高いという点では共通し
ていたが，通販では年齢が高い人，コンビニでは年齢が低い人の利用傾向が
高い。食生活意識変数との関係を見ると，食事多彩因子はコンビニで負であ
り，できるだけ手軽に済ませるために食事の彩りなどはあまり気を遣わない
層が利用しているとみられる。国産・環境因子は生協，直売所とコンビニで
正の影響であった。食品の産地に配慮することが小売店舗の選択に寄与して
いると言える。近年では国産原料にこだわったコンビニもあり，それがコン
ビニへの影響としても現れているのだと考えられる。節約因子は通販では負
であり，高所得層の利用が高いことと合わせて考えると，通販利用者は所得
が高く食に対して多くの金額をかけても良いと思っているとみられる。その
ため，食材宅配やお取り寄せ品など付加価値のある食品の購入や摂取の影響
と考えられる。

　また，各小売店舗間を補完的に利用する程度を示す誤差項の相関行列は一

表 4　小売店舗選択モデル（第 1 段階）の推定結果

		一般小売店			生協			直売所		
		係数	（標準誤差）		係数	（標準誤差）		係数	（標準誤差）	
個人属性	性別（男性=1）	-0.17	(0.10)		-0.07	(0.05)		-0.10	(0.06)	
	年齢	0.02×10^{-1}	(0.03×10^{-1})		0.01	(0.01×10^{-1})	***	0.01	(0.02×10^{-1})	***
	有職者	0.12	(0.11)		-0.13	(0.05)	***	-0.17	(0.07)	**
世帯類型 （ベース：単独）	夫婦のみ	-0.20	(0.17)		0.38	(0.09)	***	0.31	(0.12)	***
	夫婦と子供	-0.09	(0.17)		0.54	(0.09)	***	0.08	(0.12)	
	ひとり親と子供	-0.13	(0.21)		0.45	(0.12)	***	0.09	(0.16)	
	その他	0.42	(0.28)		0.43	(0.10)	***	0.28	(0.13)	**
その他世帯属性	共働き家計	0.25	(0.13)	**	0.07	(0.05)		-0.09	(0.07)	
居住地域 （ベース： 一都三県）	愛知県の市部	2.37	(15.32)		-0.29	(0.10)	***	-0.28	(0.16)	*
	大阪府の市部	0.02	(0.19)		0.10	(0.08)		-0.14	(0.13)	
	上記以外	0.02	(0.19)		0.00	(0.05)		0.17	(0.06)	***
食生活意識	食事多彩因子	0.06	(0.09)		-0.04	(0.04)		-0.09	(0.06)	
	国産・環境因子	-0.04	(0.08)		0.15	(0.04)	***	0.37	(0.05)	***
	節約因子	0.11	(0.07)		-0.03	(0.03)		-0.07	(0.05)	
世帯年収 （ベース： 400 万円未満）	400 万以上 800 万円未満	0.13	(0.11)		0.10	(0.05)	*	0.02	(0.07)	
	800 万円以上	0.16	(0.16)		0.15	(0.06)	**	0.15	(0.09)	*
定数項		2.03	(0.24)	***	-1.96	(0.12)	***	-2.03	(0.16)	***

		通販			コンビニ		
		係数	（標準誤差）		係数	（標準誤差）	
個人属性	性別（男性=1）	-0.05	(0.07)		-0.04	(0.04)	
	年齢	0.04×10^{-1}	(0.02×10^{-1})	*	-0.01	(0.01×10^{-1})	***
	有職者	-0.01	(0.07)		0.12	(0.04)	***
世帯類型 （ベース：単独）	夫婦のみ	-0.26	(0.11)	**	-0.26	(0.08)	***
	夫婦と子供	-0.44	(0.12)	***	-0.31	(0.07)	***
	ひとり親と子供	-0.43	(0.17)	**	-0.21	(0.10)	**
	その他	-0.30	(0.14)	**	-0.25	(0.09)	***
その他世帯属性	共働き家計	-0.05	(0.08)		-0.12	(0.05)	**
居住地域 （ベース： 一都三県）	愛知県の市部	-0.03	(0.13)		-0.21	(0.09)	**
	大阪府の市部	-0.01	(0.12)		-0.16	(0.08)	**
	上記以外	-0.12	(0.07)	*	-0.13	(0.04)	***
食生活意識	食事多彩因子	0.06	(0.06)		-0.12	(0.04)	***
	国産・環境因子	0.06	(0.05)		0.06	(0.03)	*
	節約因子	-0.08	(0.05)	*	-0.01	(0.03)	
世帯年収 （ベース： 400 万円未満）	400 万以上 800 万円未満	0.10	(0.08)		0.21	(0.05)	***
	800 万円以上	0.45	(0.09)	***	0.21	(0.06)	***
定数項		-1.64	(0.15)	***	-0.02	(0.10)	
サンプルサイズ		5,305					
LogLikelihood		-7441.63					

出所：筆者作成。
註：***，**，*はそれぞれ 1 ％，5 ％，10％水準で統計的に有意であることを示す。

表5　誤差項の相関行列（第1段階）

| | 一般小売店 | | 生協 | | 直売所 | | 通販 | | コンビニ |
	係数（標準誤差）		係数（標準誤差）		係数（標準誤差）		係数（標準誤差）		係数
一般小売店	1.00								
生協	-0.27	(0.04) ***	1.00						
直売所	-0.08	(0.05)	0.23	(0.03) ***	1.00				
通販	-0.12	(0.05) **	0.11	(0.04) ***	0.24	(0.04) ***	1.00		
コンビニ	-0.08	(0.04) **	0.07	(0.03) ***	0.09	(0.03) ***	0.16	(0.03) ***	1.00

出所：筆者作成。
註：***，**，*はそれぞれ1%，5%，10%水準で統計的に有意であることを示す。

般小売店とそれ以外の小売店舗とでは負の相関であった。これは同時に利用されにくく，スーパーを含む一般小売店は単独での利用が多いことを示している。一方で，それ以外の小売店舗，例えば生協や直売所などでは相互に正の相関を持っており，これらの小売店舗は同時に利用されやすいことが考えられる。これらの結果は利用する小売店舗同士の組み合わせを示した**表2**の傾向を反映していることに加え，個人・世帯属性や所得などによって利用する小売店舗が異なることが示された。

3）第2段階の推定結果

　続いて，**表6**，**表7**に示した第2段階の推定結果について述べる。まず，**表7**に示したSUR推定によって得られた品目間相関行列について見ていく。米とパン類，麺類はそれぞれ炭水化物であるため，特に米とそれ以外の2品目との間で代替関係が見られた。すなわち，米を摂取する頻度が高い場合はパン類や麺類の摂取頻度が低くなるということである。ただし，パン類と麺類との間の相関係数は高くなく，特筆すべき傾向があるわけではなかった。続いて，おかずとなりうる肉類，魚介類，卵，大豆製品，野菜，いも類，きのこ類，海藻類の間の関係を見る。肉類や魚介類と卵，大豆製品，野菜の間の相関係数は相対的には高いことから補完関係にあり，これらの品目を組み合わせて食事を構成していることが窺える。一方，いも類，きのこ類，海藻類は肉類や卵より魚介類と大豆製品，野菜との間の相関係数がやや高く，和食やそれに類する健康的な食事としてメニューを構成している傾向がある

表6　食品摂取頻度モデル（第2段階）の推定結果

	米 係数	米 (標準誤差)	パン類 係数	パン類 (標準誤差)	麺類 係数	麺類 (標準誤差)	肉類 係数	肉類 (標準誤差)	魚介類 係数	魚介類 (標準誤差)	卵 係数	卵 (標準誤差)	大豆製品 係数	大豆製品 (標準誤差)
小売店舗選択（予測確率）														
一般小売店	34.23	(8.88) ***	-17.76	(6.48) ***	-18.24	(4.37) ***	5.03	(6.92)	3.81	(5.25)	8.05	(6.67)	0.40	(7.52)
生協	1.31	(1.44)	1.98	(1.05) *	0.27	(0.71)	6.38	(1.12) ***	0.19	(0.85)	2.32	(1.08) **	-1.94	(1.22)
直売所	8.04	(2.47) ***	-9.40	(1.80) ***	-1.46	(1.22)	-1.74	(1.93)	4.10	(1.46) ***	-3.59	(1.86) *	2.88	(2.09)
通販	-25.41	(3.94) ***	4.16	(2.87)	-0.02	(1.94)	4.71	(3.07)	-1.08	(2.33)	-2.59	(2.96)	6.91	(3.33) **
コンビニ	-2.38	(1.59)	-2.57	(1.16) **	0.29	(0.78)	2.29	(1.24) *	1.66	(0.94) *	-2.99	(1.20) **	-0.35	(1.35)
利用店舗数	-0.26	(0.09) ***	0.47	(0.07) ***	0.25	(0.05) ***	0.34	(0.07) ***	0.21	(0.06) ***	0.21	(0.07) ***	0.16	(0.08) **
個人属性														
性別（男性=1）	1.66	(0.15) ***	-1.04	(0.11) ***	-0.13	(0.07) *	0.26	(0.11) **	0.55	(0.09) ***	0.09	(0.11)	-0.43	(0.12) ***
子供あり	-0.25	(0.20)	0.21	(0.15)	0.12	(0.10)	0.28	(0.16) *	-0.03	(0.12)	-0.04	(0.15)	0.02	(0.17)
年齢階層（ベース：20歳代）														
30歳代	-0.40	(0.23) *	0.04	(0.17)	0.03	(0.11)	-0.25	(0.18)	0.22	(0.13)	-0.35	(0.17) **	0.45	(0.19) **
40歳代	-1.18	(0.25) ***	0.46	(0.18) **	0.00	(0.12)	-0.82	(0.20) ***	0.07	(0.15)	-0.53	(0.19) ***	0.27	(0.21)
50歳代	-1.45	(0.31) ***	0.27	(0.23)	0.25	(0.15)	-1.03	(0.25) ***	0.50	(0.19) ***	-0.75	(0.24) ***	0.42	(0.27)
60歳代	-2.47	(0.36) ***	0.52	(0.26) *	0.54	(0.18) ***	-1.66	(0.28) ***	0.83	(0.21) ***	-0.64	(0.27) **	1.09	(0.30) ***
70歳代以上	-2.65	(0.43) ***	0.73	(0.31) **	0.56	(0.21) ***	-1.92	(0.33) ***	1.30	(0.25) ***	-0.62	(0.32) *	1.65	(0.36) ***
食事多彩因子	1.13	(0.15) ***	-0.16	(0.11)	-0.08	(0.07)	0.85	(0.12) ***	0.80	(0.09) ***	0.62	(0.11) ***	0.55	(0.13) ***
国産・環境因子	-0.32	(0.15) **	0.14	(0.11)	0.03	(0.08)	-0.43	(0.12) ***	0.19	(0.09) **	0.30	(0.12) **	0.26	(0.13) **
節約因子	-0.05	(0.11)	0.00	(0.08)	0.09	(0.05) *	-0.10	(0.08)	-0.33	(0.06) ***	-0.14	(0.08) *	0.25	(0.09) ***
定数項	-20.58	(8.82) **	22.62	(6.43) ***	20.45	(4.34) ***	-0.24	(6.87)	-1.08	(5.22)	-1.47	(6.63)	4.10	(7.46)
Rsq.	0.09		0.04		0.02		0.05		0.13		0.06		0.08	

	野菜 係数	野菜 (標準誤差)	いも類 係数	いも類 (標準誤差)	きのこ類 係数	きのこ類 (標準誤差)	海藻類 係数	海藻類 (標準誤差)	牛乳 係数	牛乳 (標準誤差)	乳製品 係数	乳製品 (標準誤差)	果実類 係数	果実類 (標準誤差)
小売店舗選択（予測確率）														
一般小売店	12.38	(10.03)	0.51	(5.14)	-5.26	(5.82)	-4.53	(6.10)	-4.92	(8.32)	-12.12	(7.35) *	-4.86	(7.87)
生協	2.38	(1.63)	1.64	(0.83) **	1.37	(0.95)	-0.35	(0.99)	3.62	(1.35) ***	0.57	(1.19)	1.26	(1.28)
直売所	5.40	(2.79) *	1.47	(1.43)	1.86	(1.62)	1.51	(1.70)	1.46	(2.32)	-2.73	(2.05)	1.76	(2.19)
通販	16.18	(4.45) ***	-3.54	(2.28)	3.70	(2.58)	3.36	(2.70)	9.61	(3.69) ***	12.98	(3.26) ***	18.83	(3.49) ***
コンビニ	-0.95	(1.80)	-0.30	(0.92)	-0.24	(1.04)	-0.35	(1.09)	-0.20	(1.49)	3.82	(1.32) ***	-1.45	(1.41)
利用店舗数	0.31	(0.11) ***	0.20	(0.05) ***	0.28	(0.06) ***	0.25	(0.06) ***	0.32	(0.09) ***	0.50	(0.09) ***	0.53	(0.08) ***
個人属性														
性別（男性=1）	-0.84	(0.17) ***	-0.05	(0.09)	-0.51	(0.10) ***	-0.09	(0.10)	-0.73	(0.14) ***	-1.11	(0.12) ***	-0.61	(0.13) ***
子供あり	-0.02	(0.23)	0.21	(0.12) *	0.04	(0.13)	0.08	(0.14)	0.68	(0.19) ***	0.11	(0.17)	0.30	(0.18) *
年齢階層（ベース：20歳代）														
30歳代	0.27	(0.26)	-0.15	(0.13)	0.31	(0.15) **	0.07	(0.16)	-0.18	(0.21)	0.34	(0.19) *	-0.09	(0.20)
40歳代	-0.21	(0.28)	-0.39	(0.15) ***	-0.19	(0.17)	0.08	(0.17)	-0.32	(0.24)	0.45	(0.21) **	-0.04	(0.22)
50歳代	0.43	(0.36)	-0.42	(0.18) **	-0.01	(0.21)	0.37	(0.22)	-0.14	(0.30)	0.98	(0.26) ***	0.67	(0.28) **
60歳代	1.27	(0.40) ***	-0.72	(0.21) ***	0.13	(0.23)	0.74	(0.25) ***	0.17	(0.33)	1.40	(0.30) ***	1.89	(0.32) ***
70歳代以上	1.38	(0.48) ***	-0.47	(0.25) *	0.50	(0.28) *	1.37	(0.29) ***	0.60	(0.40)	1.99	(0.35) ***	2.90	(0.38) ***
食事多彩因子	2.30	(0.17) ***	0.48	(0.09) ***	0.75	(0.10) ***	0.71	(0.10) ***	0.28	(0.14) **	0.82	(0.12) ***	0.86	(0.13) ***
国産・環境因子	-0.28	(0.17)	0.32	(0.09) ***	0.27	(0.10) ***	0.17	(0.11)	0.06	(0.14)	0.24	(0.13) *	0.46	(0.14) ***
節約因子	-0.19	(0.12)	-0.10	(0.06)	-0.19	(0.07) ***	-0.02	(0.07)	0.31	(0.10) ***	0.04	(0.09)	-0.32	(0.10) ***
定数項	-1.82	(9.96)	2.28	(5.10)	7.85	(5.78)	7.06	(6.06)	7.87	(8.26)	14.55	(7.30) **	7.62	(7.82)
Rsq.	0.21		0.08		0.13		0.10		0.06		0.12		0.22	

出所：筆者作成.
註：1）***、**、*はそれぞれ1%、5%、10%水準で統計的に有意であることを示す。
　　2）サンプルサイズは5,305.

表7　誤差項の相関行列（第2段階）

	米	パン類	麺類	肉類	魚介類	卵	大豆製品	野菜	いも類	きのこ類	海藻類	牛乳	乳製品	果実類
米	1.00													
パン類	-0.37	1.00												
麺類	-0.21	0.10	1.00											
肉類	0.15	0.01	0.06	1.00										
魚介類	0.21	-0.09	0.07	0.29	1.00									
卵	0.17	0.01	0.08	0.35	0.29	1.00								
大豆製品	0.17	-0.13	0.03	0.19	0.34	0.33	1.00							
野菜	0.22	-0.09	0.00	0.37	0.32	0.34	0.39	1.00						
いも類	0.16	-0.03	0.08	0.22	0.30	0.30	0.34	0.31	1.00					
きのこ類	0.13	-0.06	0.08	0.23	0.35	0.27	0.36	0.36	0.46	1.00				
海藻類	0.16	-0.13	0.05	0.15	0.35	0.25	0.44	0.32	0.37	0.49	1.00			
牛乳	-0.01	0.14	0.03	0.12	0.10	0.17	0.12	0.12	0.13	0.11	0.12	1.00		
乳製品	-0.07	0.15	0.06	0.14	0.16	0.21	0.26	0.21	0.21	0.22	0.20	0.32	1.00	
果実類	0.01	0.09	0.06	0.12	0.20	0.20	0.23	0.26	0.21	0.20	0.19	0.22	0.38	1.00

出所：筆者作成。

可能性が示唆された。これらの品目はパン類と組み合わされない傾向にあることからも示唆できると考えられる。牛乳，乳製品，果実類は卵や大豆製品，野菜といった品目と組み合わされる傾向にあるが，牛乳と乳製品，及び乳製品と果実類との間での組み合わされる傾向が強かった。また，牛乳と乳製品は米よりもパン類と組み合わされる傾向があることも示唆された。以上のように，SUR推定の相関行列を見ても一般的に考えられる食事の構成と大きな離齬はなく，データや推定に大きな問題はないと考えられる。

　次に，食品摂取に係るこうした品目間の同時決定性を除去した上での小売店舗の選択と食品摂取頻度との関係を確認する（表6）。一般小売店の利用者は，米の摂取頻度が多い傾向にあるが，その他の品目では摂取頻度が少ない，あるいは統計的な有意差が認められなかった。生協の利用者は，パン類，肉類，卵，いも類，牛乳の5品目で摂取頻度が高い傾向であった。直売所の利用者は米，魚介類，野菜の3品目で摂取頻度が高い傾向であった。通販の利用者は大豆製品，野菜，牛乳，乳製品，果実類の5品目で摂取頻度が高い傾向であった。コンビニの利用者は肉類，魚介類，乳製品の3品目で摂取頻度が高い傾向であった。また，米以外の品目では利用する小売店舗数が多い人の方が摂取頻度は高くなる傾向であった。これは，多くの品目で日常的に複数の店舗で買い回りを行っており，それが各品目の摂取頻度に正の影響を

与えているということである。ただし，米では利用する小売店舗が少ない人の方が摂取頻度は高くなる傾向であった。米は毎日・毎週というより，1か月あるいは数か月単位で購入する品目であることから，複数の小売店舗を買い回るのではなく，特定の店舗から購入することを決めている消費者が多いのだと考えられる。

　こうした結果から，食品を購入する小売店舗によって食品摂取の多寡が規定されていると考えられる。例えば，小売店舗選択に関する第1段階の推定結果から，生協や直売所は年齢層が高い人や，家族と同居している人や，無職者であると利用しやすいという特徴が挙げられる。また選択した小売店舗が食品摂取頻度与える影響を検討した第2段階の推定結果からは，生協や直売所を利用する傾向にある人は，単品での摂取が難しく，調理を必要とすることが多い卵やいも類のような品目を摂取する頻度が高くなる傾向であった。一方で，コンビニの利用者は年齢層が低い人や，仕事をしている人や単独世帯の人が利用する傾向にあった。コンビニを利用する人は，肉類，魚介類，乳製品のような単品でも食事の主菜や副菜として，あるいはパック惣菜のラインナップとして考えられる品目の摂取が増加する傾向にあると考えられる。通販はタイプの特定が難しいが，高所得層や高年齢層での利用が多く，節約因子が利用に負の影響を与えていることから，食材宅配サービスの利用やいわゆるお取り寄せ品などの高付加価値食品を利用している影響が表出した可能性がある。

　文部科学省他（2016）によって，高年齢層より若年層の摂取が少ないと指摘されていたのは，魚介類，豆類，乳類，野菜，果実類であった。本研究の結果では，パン類，麺類，魚介類，大豆製品，野菜，きのこ類，海藻類，牛乳，乳製品，果実類であった。部分的ではあるが，これは文部科学省他（2016）の指摘と整合的である。こうした品目は，一般小売店以外の小売店舗である生協，直売所，通販，コンビニのいずれかで摂取頻度が高い傾向であった。第2段階の推定において，一般小売店の利用が摂取頻度に影響を与える場合は多くなかったが，これは多くの人が一般小売店を利用しているため，平均

的な傾向として統計的有意差が観察されなかったためと考えられる（註4）。

　ただし，こうした若年層での摂取が相対的に少ない品目については，コンビニの役割の再考が必要である可能性があることを指摘しておきたい。前述のMorland et al.（2006）が指摘していたように，コンビニの利用は一般的には「不健康」と結び付けられやすいと考えられている。しかし，中食の浸透とともにパック惣菜の商品数やその販売数量が拡大するなど商品開発や品揃えによっては，コンビニにおいても若年層の摂取が相対的に少ない品目の摂取を促進できる可能性がある。例えば，2018年3月時点ではあるが，大手コンビニチェーンのセブン-イレブンではプライベート・ブランドであるセブンプレミアムの中で展開している魚惣菜の販売数量が拡大しており，5,000万食を超えている（食品産業新聞 2018）。一般的に魚介類の調理はやや面倒であるが，これらの商品は摂取の手軽さとおいしさから販売数量を増やしており，独自の商品開発や品揃えによってはコンビニでも食生活改善に貢献する可能性がある。さらに，健康に配慮した商品など品揃え面からの食環境整備が食生活や栄養摂取，その先の健康状態を望ましいものにしていく可能性がありうる。

4．結論

　本研究では小売店舗及び食品それぞれの選択の同時決定性を考慮して，小売店舗の選択を分析するとともに，その結果を用いた食品摂取頻度の分析を行った。分析結果から，個人属性によって利用する小売店舗が異なり，さらに利用する小売店舗によって食品の摂取頻度の傾向も異なっていることが示された。また，文部科学省他（2016）において，若年層での摂取が少ないと指摘されている魚介類，豆類，野菜，乳類，果実類の摂取は本研究でも同様

（註4）そのため，より厳密な検証をするには，ランダムパラメータを許容するモデルやマルチレベル分析を適用する余地があろう。

の結果が得られた。これらの品目は，各食品の供給主体が生鮮や惣菜など供給形態を変化させ，利用する個人の傾向に合わせて摂取を促す環境の構築が肝要であろう。

　一方で，残された課題も存在する。本研究で用いたデータはWebアンケート調査による横断面データであり「食品購入の際にどの小売店舗を利用しているか」を問うたに過ぎない。したがって，全体あるいは品目別で見た場合の各小売店舗の利用率や食品の摂取量，店舗が立地している地理的分布などについては不明である。また，ある小売店舗が「回答者の周辺に存在しないから利用できない」のか「回答者の周辺に存在するが利用していない」状態であるかの識別もできていない。今後は，立地や規模等の個別店舗の具体的な要因に踏み込むためにもPOSデータ等のスキャンデータを用いることや，Cauchi et al.（2017）のように，店舗規模と肥満の関係といったチャネル側の要因も考慮する必要があろう。

［付記］
　本章は，伊藤・菊島・高橋（2019）を再構成し，加筆・修正したものである。

引用文献

赤松利恵・武見ゆかり（2007）「トランスセオレティカルモデルの栄養教育への適用に関する研究の動向」『日本健康教育学会誌』15（1）：3-18。
　https://doi.org/10.11260/kenkokyoiku1993.15.3
Cauchi, D., Pliakas, T., and Knai, C.（2017）Food environments in Malta: Associations with store size deprivation, *Food Policy* 71: 39-47.
　https://doi.org/10.1016/j.foodpol.2017.07.004
Cobb, L K., Appel, L J., Franco, M., Jones-Smith, J C., Nur, A., and Anderson, C A. M.（2015）The Relationship of the Local Food Environment with Obesity: A Systematic Review of Methods, Study Quality, and Results *Obesity* 23（7）: 1331-1344. https://doi.org/10.1002/oby.21118
入山八江（2014）「職域における栄養教育と食環境介入に関する実践的研究」『栄養学雑誌』72（6）：281-291。https://doi.org/10.5264/eiyogakuzashi.72.281

入山八江・村山伸子（2012）「職場における男性を対象とした栄養教育と食環境介入が体重コントロールに及ぼす効果—無作為化比較試験による検討—」『栄養学雑誌』70（2）：83-98。https://doi.org/10.5264/eiyogakuzashi.70.83

伊藤暢宏・菊島良介・高橋克也（2019）「食料品購買チャネル選択と食料品摂取の関係—選択の同時決定性を考慮したアプローチ—」『フードシステム研究』25（4）：245-250。

文部科学省・厚生労働省・農林水産省（2016）『食生活指針の解説要領』http://www.maff.go.jp/j/syokuiku/attach/pdf/shishinn-5.pdf.（2018年6月閲覧）。

Morland, K., Diez Roux, A V., and Wing, S. (2006) Supermarkets, Other Food Stores, and Obesity: The Atherosclerosis Risk in Communities Study *American Journal of Preventive Medicine* 30 (4) : 333-339. https://doi.org/10.1016/j.amepre.2005.11.003

食品産業新聞（2018）「セブンプレミアム「魚惣菜」年間5000万食，"手軽さとおいしさ"で魚消費拡大」『食品産業新聞（2018年3月15日付)』https://www.ssnp.co.jp/news/distribution/2018/03/2018-0316-1731-14.html（2020年1月10日閲覧）

Story, M., Kaphingst, K. M., Robinson-O'Brien, R., and Glanz, K. (2008) Creating Healthy Food and Eating Environments: Policy and Environmental Approaches *Annual Review of Public Health* 29: 253-272. https://doi.org/10.1146/annurev.publhealth.29.020907.090926

高石清佳・伊藤暢宏・村上智明・中嶋康博（2016）「KABモデルを用いた食生活形成要因の分析—食育施策への示唆—」『フードシステム研究』23（3）：271-276。

武見ゆかり（2012）「食環境整備とフードシステム学：望ましい食物選択の実現に向けて」『フードシステム研究』19（2）：50-54。https://doi.org/10.5874/jfsr.19.50

薬師寺哲郎編著（2015）『超高齢社会における食料品アクセス問題—買い物難民，買い物弱者，フードデザート問題の解決に向けて—』ハーベスト社。

第 2 部

食料品アクセスマップの推計

第4章

新たな食料品アクセスマップの推計と動向
―『平成27年国勢調査』を反映した推計―

高橋 克也・薬師寺 哲郎・池川 真里亜

1．はじめに

　食料品アクセス問題は，当初「買い物難民」「買い物弱者」あるいは「フードデザート（食の砂漠）」など，その分野によって様々な呼び方や定義がされているが本質的な違いはなく，日常的な食料品の買い物に不便や苦労をきたす住民が増加しているといった社会背景をとらえたものといえる（薬師寺 2013）。食料品アクセス問題の背景には，我が国の高齢化に示される高齢者人口の増加とともに，食料品を購入できる店舗の減少といった要因があげられる。また，食料品アクセス問題は買い物といった流通上の問題にとどまらず，住民の生活基盤の喪失という地域社会のあり方が問われる社会問題であるとともに，食生活を通じて個人の健康にも影響を及ぼす健康問題としての側面も備えた複雑な問題として認識されている。

　しかし，この様な食料品アクセス問題がどこで発生し，誰がどのような状況でどの程度存在するのかといった，場所や対象あるいは規模といった具体的な問題の特定や可視化はこれまで十分ではなかった。農林水産政策研究所では，2010年より各種統計とGIS（地理情報システム）を組み合わせた推計から，我が国全体をカバーした詳細な「食料品アクセスマップ」（以下，アクセスマップ）を作成し食料品アクセス問題の実態把握を行っている（薬師寺他 2013）。アクセスマップの前提として，過去の調査研究等から徒歩で無理なく買い物に行ける距離として店舗まで500mを設定し，国勢調査および商業統計の地域メッシュ統計を用いた確率計算から，買い物が困難である人口や世帯数を推計している（以下「買い物困難人口」）。

表1　買い物困難人口・世帯数の推計値（2010 年）

（千人，千世帯，%）

	買い物困難人口				買い物困難世帯数	
		割合	うち 65 歳以上	割合		割合
生鮮食料品販売店舗	46,322	36.2	11,375	38.9	16,707	32.2
うち自動車なし	8,544	6.7	3,825	13.1	3,191	6.1
食料品スーパー等	71,759	56.0	17,280	59.1	14,049	27.0
うち自動車なし	15,066	11.8	6,441	22.0	6,002	11.6

資料：農林水産政策研究所
註：1）割合はそれぞれ全人口，65 歳以上人口，全世帯に占める比率である。
　　2）生鮮食料品販売店舗は，食肉，鮮魚，果実・野菜小売業及び百貨店，総合スーパー，
　　　　食料品スーパー。
　　3）食料品スーパー等は，百貨店，総合スーパー，食料品スーパー。
　　4）ラウンドのため，合計が一致しない場合がある。

　買い物困難人口の推計結果について概説すると，青果・精肉・鮮魚など最低限の食料品の品揃えが可能な生鮮食料品販売店舗では，店舗まで500m以上で自動車を持たない人口は，2010年において全国では854万人，65歳以上高齢者で382万人と推計される（**表1**）（薬師寺他 2013; 薬師寺 2015）。それぞれの人口に占める割合に着目すると，全人口では6.7%，65歳以上で13.1%と，65歳以上では全人口のおよそ２倍となっている。一方で，同じ条件で自動車の有無に関わらない場合，同割合は全人口36.2%，65歳以上38.9%と大差ないことから，買い物が困難であると想定されるのは自動車など移動手段を持たない高齢者であることがわかる。

　全国の市町村単位でアクセスマップをみると，買い物困難人口の割合は過疎地や山間部の自治体で高く都市部で低い傾向が示されるが，さらに詳細な500mメッシュ単位でみると都市部においても郊外では買い物困難人口の割合は急激に高まる状態にあることも確認されている。

２．アクセスマップの限界と課題

　アクセスマップから推計された各種指標は，食料品アクセス問題の現場である自治体や民間事業者で活用されるなど，我が国の食料品アクセス問題の実態を示す代表的指標として扱われてきた。一方で，これらアクセスマップ

や各種指標は，その定義や推計方法での問題点や限界があることもあきらか
になっている。

　ひとつは，買い物困難人口の対象が全人口や65歳以上あるいは世帯，また
店舗別や自動車の有無など複数の指標として示されている点である。そもそ
も，食料品アクセス問題が比較的新しい概念であることや，これら問題が買
い物の不便や苦労といった個人の主観的側面に依ることが対象の特定を困難
にしていた。複数の指標は多様な問題の実態を反映できるものの，一方では
食料品アクセス問題の対象や課題を曖昧にする恐れもある。

　ふたつめは，買い物困難人口にコンビニエンスストア（以下，コンビニ）
が含まれていない点である。これまで推計の対象としてきた店舗は，食料品
の品揃えの点から生鮮食料品販売店舗，および食料品スーパー等の2種類の
業種や業態の店舗であった（註1）。何れも食料品として青果や鮮魚あるい
は精肉などの生鮮食料品とともに加工食品の購入を想定しており，すなわち
家庭内での調理や飲食を前提に買い物困難人口を推計していた。一方で，食
料品の購入におけるコンビニの利用頻度は年々高まっており，コンビニのお
にぎりやお弁当などの調理済み食品は既に我々の食生活にとっては一般的な
ものとなっている。この点からも，食料品アクセスマップにおいて店舗の利
用実態を反映してコンビニを考慮した新たな推計が求められる。

　最後は，買い物における自動車利用の実態についてである。食料品の買い
物における不便・苦労において，店舗までの距離とともに自動車利用が大き
く影響していることは筆者らの研究からもあきらかである。これまで自動車
利用については『平成15年住宅・土地統計調査』（2003年）より推計してい
たが，同調査において自動車所有状況が2003年以降実施されていないことや
年齢階層別推計が不明確という問題が残されていた（薬師寺 2017）。また，
近年の高齢者による自動車事故の多発といった状況からも，実態に即した自
動車利用についてアクセスマップに反映させる必要がある。

（註1）生鮮食料品販売店舗は，食肉，鮮魚，果実・野菜小売業である。また，食
　　　料品スーパー等は，百貨店，総合スーパー，食料品スーパーである。

3．新たなアクセスマップとアクセス困難人口の推計

　これら課題を踏まえ『平成27年国勢調査』（2015年）および『平成26年商業統計』（2014年）の地域メッシュ統計を用いて新たな食料品アクセスマップの推計を行った。推計における新たな定義や推計方法については以下の通りである。

1）アクセス困難人口の定義

　従来のアクセスマップの推計においては，買い物困難人口として全人口や65歳以上など複数の指標を提示していたが，先にみたように買い物困難人口の割合が最も高いのは自動車を持たない65歳以上の高齢者であった。また，買い物に不便や苦労を感じる高齢者では食品摂取の多様性が低下するなど栄養面への影響とともに，不便や苦労が主観的健康感やBMI（Body Mass Index）等の健康面に及ぼす影響もエビデンスとして示されている（薬師寺2014; 山口 2017）。現在，我が国の高齢化率は26.3%（2015年）であり，今後一層の高齢者人口の増加が見込まれ食料品アクセス問題がより深刻化することも考えられる。その点からも新たなアクセスマップの推計においては65歳以上の高齢者に焦点をあて，店舗まで500m以上で自動車の利用が困難な高齢者を「アクセス困難人口」と定義する。その際，今後特に増加が見込まれる75歳以上の動向についても考慮を払う。

2）コンビニエンスストアの考慮

　従来のアクセスマップの対象店舗として，生鮮食料品販売店舗あるいは食料品スーパー等に含まれる何れかの店舗について，消費者の居住地から500m未満の圏内にこれら店舗が存在するかの確率から買い物困難人口を推計していた。この推計方法でコンビニを含めた場合，推計対象となる店舗数が大幅に増加することから，実態を正確に把握できない可能性がある（註2）。

『平成26年全国消費実態調査』から消費者の食料品支出における購入先支出金額シェアを推計すると，食料品スーパー等が78.4％，コンビニ6.8％，一般小売店14.8％であり，コンビニの金額シェアは1割未満である（註3）。そこで新たなアクセスマップではこれら金額シェアをウェイトとして店舗別の困難人口を加重平均し，コンビニを含んだ全ての店舗による総合的なアクセス困難人口を推計している。

3）自動車利用の見直し

これまでアクセスマップにおける自動車利用については，世帯で自動車を所有しているかどうかの推計式を求め，これに市区町村別の自動車普及率を乗じて自動車を所有していない世帯割合と年齢階層別の自動車利用率から「自動車なし」割合を推計していた。新たなアクセスマップにおいては，世帯に自動車があっても高齢者が利用できない場合を想定し，個人単位での自動車利用として「自動車利用困難」に推計方法を改めた（薬師寺 2017）。推計に用いた統計は『平成26年全国消費実態調査』（2014年）の調査票情報，および『民力2015』（2015年）の市町村別自動車登録台数である。

以上，新たなアクセスマップにおいては，上記方法を適用し『平成27年国勢調査』に基づく推計（以下，2015年推計値）では，コンビニを含んだ店舗まで500m以上で65歳以上の自動車利用困難な人口を「アクセス困難人口」

（註2）日本フランチャイズチェーン協会（2015年5月現在）による54,083店舗データでは，コンビニまで500m以上で自動車を持たない65歳以上人口は全国415.5万人，同人口割合14.2％と推計されている。

（註3）購入先支出金額シェアについては『平成26年全国消費実態調査』より2人以上世帯を都道府県別に，単身世帯は男女別・年齢階層別に求め，これらに各都道府県の該当世帯数を乗じている。ここで一般小売店は「野菜・果実小売業」「食肉小売業」「鮮魚小売業」「酒小売業」「菓子・パン小売業」，食料品スーパー等は「スーパー」「生協・購買」「百貨店等」であり，通信販売およびその他は除く。なお「生協・購買」については，日本生協連合会資料から，33.5％を店舗での購買と想定した。同様の推計による2004年の支出金額シェアは，食料品スーパー等が74.8％，コンビニ5.5％，一般小売店19.8％である。

表2　アクセスマップ推計方法の変更

	従来推計 （買い物困難人口）	新推計 （アクセス困難人口）
指標	人口，65歳以上，世帯数	65歳以上 （75歳以上も特掲）
店舗	生鮮食料品販売店舗 食料品スーパー等	コンビニエンスストアを含む全店舗
自動車利用	年齢階層別・世帯自動車所有率	年齢階層別・個人自動車利用率
2010年推計値	644.1万人[註]	732.7万人

資料：農林水産政策研究所
註：食料品スーパー等の買い物困難人口

として推計した（**表2**）。また，2010年推計値については『平成22年国勢調査』および『平成19年商業統計』，2005年推計値は『平成17年国勢調査』および『平成14年商業統計』の地域メッシュ統計に基づくとともに，店舗及び自動車利用について『平成21年全国消費実態調査』（および平成16年）『民力2010』（および2005）による新たな推計方法を適用し，2005年および2010年のアクセス困難人口についても遡及して推計を行った。

4．アクセス困難人口の現状と推移

1）年齢別アクセス困難人口

推計結果を概説すると，2015年におけるアクセス困難人口は全国で824.6万人，うち三大都市圏377.6万人，地方圏447万人と推計された（**表3**）。全国のアクセス困難人口824.6万人は65歳以上人口の24.6％を占め，すなわち全高齢者の1/4がアクセス困難人口に相当するとみられる。

さらに，75歳以上のアクセス困難人口に着目すると全国で535.5万人，同人口割合では33.2％となり，後期高齢者ではおよそ1/3がアクセス困難人口に該当する。同年の後期高齢者割合（75歳以上人口/65歳以上人口）は48.2％であるが，アクセス困難人口の75歳以上割合は64.9％と大きく上回っており，後期高齢者がアクセス困難人口の主体となっていることがわかる。

表3　アクセス困難人口の推移

(千人，%)

	2005年 a		2010年		2015年 c				変化率・割合		
		うち75歳以上 b		うち75歳以上		割合	うち75歳以上 d	割合	(c/a)	(b/d)	(d/c)
全国計	6,784	3,767	7,327	4,466	8,246	24.6	5,355	33.2	21.6	42.1	64.9
三大都市圏	2,621	1,299	3,067	1,628	3,776	23.3	2,194	29.5	44.1	68.9	58.1
東京圏	1,244	587	1,548	776	1,982	23.2	1,112	28.6	59.3	89.2	56.1
名古屋圏	514	283	563	349	609	21.5	407	30.8	18.5	43.7	66.8
大阪圏	862	428	956	503	1,185	24.4	675	30.2	37.5	57.8	57.0
地方圏	4,163	2,468	4,260	2,838	4,470	25.9	3,161	36.4	7.4	28.1	70.7
DID	3,282	1,618	3,871	2,081	4,916	21.7	2,924	27.8	49.8	80.7	59.5
非DID	3,502	2,149	3,456	2,385	3,331	30.8	2,431	43.3	▲4.9	13.1	73.0

資料：農林水産政策研究所
註：割合は各年代の年齢階層別人口に占める割合である。

2）アクセス困難人口の推移

　ここで，新たな推計による2005年および2010年についても確認すると，アクセス困難人口は全国で678.4万人（2005年），732.7万人（2010年），824.6万人（2015年）と一貫して増加傾向にあることが示されている（**図1**）。2005年から2015年のアクセス困難人口は全国で21.6％増加であるが，このうち三大都市圏では44.1％増に対し，地方圏では7.4％増と都市部での増加が著しい。さらに，この傾向は75歳以上のアクセス困難人口でより顕著で，同期間では，

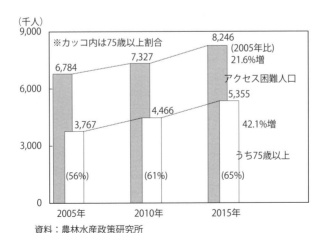

資料：農林水産政策研究所

図1　アクセス困難人口の推移

全国42.1％増であるが三大都市圏68.9％増，地方圏28.1％増と，ここでも後期高齢者および都市部でアクセス困難人口が大幅に増加していることがわかった（**表3**）。

　一方，これらアクセス困難人口が65歳以上人口に占める割合は同期間で26.4％，25.1％，24.6％と低下傾向がみられる。アクセス困難人口の増加に対し同割合の低下であるが，これは大きく2つの要因が考えられる。ひとつは，我が国の高齢化にともなって，同割合の分母となる高齢者全体の人口が大きく増加したことである。もうひとつは，高齢者の自動車利用が大きく増加したこと，すなわち高齢者の自動車利用がより一般的となったため，アクセス困難人口の増加が抑えられ同割合の低下傾向になったと考えられる。

　なかでも，後者については自動車の利用が一般的な地方圏で顕著だったと考えられる。このため，一部の県では同割合の低下とともにアクセス困難人口の減少が確認されている。しかし，地方圏の買い物環境が依然として不便なことに変わりなく，高齢者の自動車利用によって支えられている点には留意する必要がある。

3）都道府県別の動向

　都道府県別にアクセス困難人口の動向を確認すると，先にみた2015年の人口割合の全国平均24.6％に対し，都道府県では長崎34.6％，青森33.8％，秋田31.1％で高く，群馬19.1％，栃木19.4％，東京20.0％で低くなっている（**表4**）。このうち，長崎では島嶼部が多いことや自動車利用率の低さ，また青森，秋田では高齢化といった要因があげられる。一方で，群馬，栃木では自動車利用率の高さ，東京では店舗密度の高さが人口割合を低くしたとみられる。

　また，2005年から2015年のアクセス困難人口は全国で21.6％の増加に対し，都道府県では神奈川68.7％，埼玉59.7％，大阪57.6％，千葉54.6％，東京53.5％といった都市部での増加が著しく，これら5都県で2015年のアクセス困難人口の1/3を占めている（**図2**）。一方で，山梨マイナス17.0％，島根マイナス9.2％，高知マイナス7.2％など全国16県でアクセス困難人口の減少が確

表4　アクセス困難人口（都道府県別）

（千人，％）

	2005年 a	うち75歳以上 b	2010年	うち75歳以上	2015年 c	割合	うち75歳以上 d	割合	(c/a)	(d/b)	(d/c)
全国	6,784	3,767	7,327	4,466	8,246	24.6	5,355	33.2	21.6	42.1	64.9
北海道	375	211	403	257	452	29.0	294	38.3	20.5	39.7	65.2
青森	113	59	119	72	132	33.8	90	45.4	17.0	53.2	68.5
岩手	111	61	105	72	112	28.9	80	38.7	0.6	30.7	72.0
宮城	119	62	125	79	143	24.3	96	32.7	20.2	54.3	67.2
秋田	107	59	110	73	107	31.1	81	43.4	▲ 0.3	38.2	76.1
山形	83	50	80	57	81	23.5	60	31.8	▲ 2.2	20.3	74.4
福島	145	84	148	102	138	25.4	101	35.4	▲ 5.3	19.6	73.1
茨城	162	99	161	99	157	20.3	117	32.6	▲ 3.2	17.9	74.6
栃木	106	57	100	61	98	19.4	75	31.5	▲ 6.9	32.0	76.5
群馬	98	64	102	72	103	19.1	70	26.9	5.5	8.5	67.5
埼玉	242	117	315	160	386	21.6	217	28.4	59.7	85.8	56.4
千葉	252	111	335	166	389	24.6	212	30.4	54.6	91.5	54.4
東京	391	186	459	232	601	20.0	340	23.6	53.5	82.8	56.6
神奈川	359	174	439	217	606	28.1	343	34.8	68.7	97.0	56.5
新潟	162	93	159	109	185	27.0	135	37.6	14.1	45.1	72.9
富山	72	46	73	52	72	22.3	56	35.4	▲ 0.1	22.1	78.0
石川	73	44	71	48	85	26.9	59	39.1	17.7	34.5	69.2
福井	51	30	55	36	51	23.0	41	36.2	▲ 0.1	35.7	80.6
山梨	60	35	52	37	50	21.2	41	34.2	▲ 17.0	16.4	82.2
長野	139	89	144	108	142	22.7	115	35.2	2.4	29.2	80.9
岐阜	122	72	128	89	114	20.1	84	30.3	▲ 6.6	16.7	73.2
静岡	191	110	221	131	220	21.6	150	30.4	15.6	36.2	68.1
愛知	265	135	306	175	357	20.3	224	28.1	34.5	65.7	62.9
三重	127	76	130	85	138	27.6	99	40.2	9.1	29.9	71.6
滋賀	74	44	80	48	85	25.2	51	32.1	15.3	15.2	59.6
京都	134	74	141	83	161	23.0	96	29.1	20.5	28.6	59.3
大阪	345	153	397	190	544	23.9	293	28.4	57.6	91.2	53.9
兵庫	299	155	320	176	368	24.8	218	31.4	22.9	40.9	59.3
奈良	84	45	97	54	112	28.8	68	37.9	33.7	50.6	61.1
和歌山	73	44	83	54	86	29.0	58	38.7	17.9	29.8	67.0
鳥取	45	28	49	34	43	25.6	32	35.5	▲ 3.8	14.1	73.7
島根	67	43	67	48	61	27.4	48	39.3	▲ 9.2	11.3	78.3
岡山	128	78	134	95	142	26.2	103	38.4	11.1	32.2	72.9
広島	179	105	176	114	194	25.1	126	33.8	8.7	19.8	64.7
山口	128	82	123	85	133	29.8	97	42.9	3.9	18.2	72.6
徳島	60	37	67	46	57	24.9	41	34.5	▲ 4.3	11.0	71.5
香川	71	46	68	48	72	25.1	53	37.2	1.4	16.2	74.2
愛媛	116	69	109	73	129	30.9	88	41.2	11.7	27.3	68.0
高知	72	45	67	44	67	28.2	49	39.5	▲ 7.2	8.9	73.2
福岡	264	146	278	178	322	24.7	216	34.3	21.9	47.5	66.9
佐賀	62	37	60	43	64	27.9	45	37.5	4.0	20.4	70.5
長崎	125	70	144	93	140	34.6	95	44.5	12.5	34.7	67.6
熊本	144	85	135	90	141	27.6	98	35.8	▲ 1.9	14.7	69.4
大分	94	59	101	71	93	26.5	68	37.5	▲ 1.3	15.5	73.1
宮崎	84	58	92	69	88	27.2	68	40.1	4.4	17.3	77.3
鹿児島	151	98	137	98	146	30.5	106	40.2	▲ 3.1	7.8	72.1
沖縄	61	38	63	41	77	27.6	58	40.3	25.1	51.1	75.1

資料：農林水産政策研究所
註：1）割合はそれぞれ65歳以上、75歳以上人口に占める割合である。
　　2）ラウンドのため合計が一致しない場合がある。

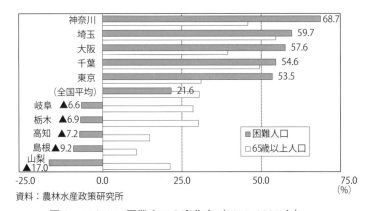

資料：農林水産政策研究所

図2　アクセス困難人口の変化率（2015/2005 年）

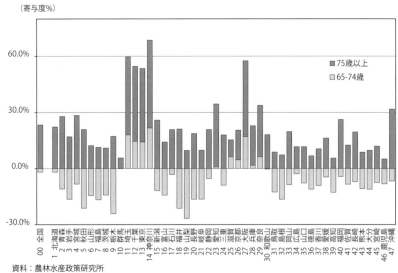

資料：農林水産政策研究所

図4　アクセス困難人口の増加寄与度（都道府県別）

認された。

　この傾向は市町村別にみても同様で，全国の過半数の市町村ではアクセス困難人口が減少しているのに対し，全国平均の21.6％増を上回る市町村は政令指定都市や県庁所在地など都市部に集中していることがわかる（図3）。

　さらに，同期間のアクセス困難人口増加の寄与度を高齢者の年齢階層別に

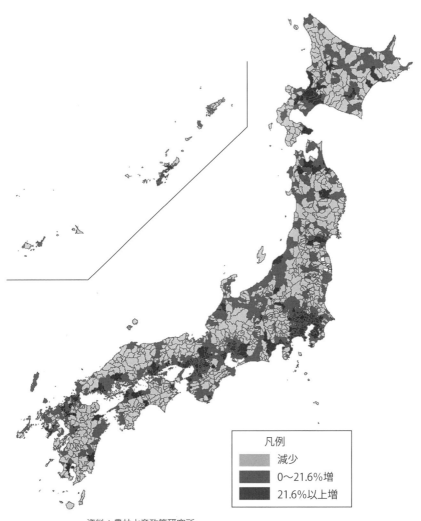

凡例

減少

0〜21.6%増

21.6%以上増

資料：農林水産政策研究所
註：原発避難区域，津波被災地を除く1728市区町村である。

図3　アクセス困難人口の変化率・市町村別（2015/2005年）

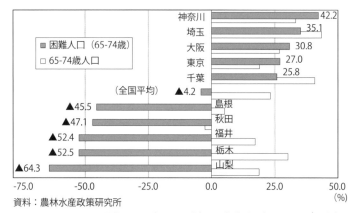

図5　アクセス困難人口（65-74歳）の変化率（2015/2005年）

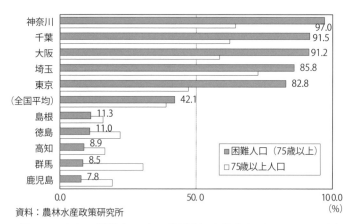

図6　アクセス困難人口（75歳以上）の変化率（2015/2005年）

示したのが**図4**である。同期間，アクセス困難人口は全国で21.6％増加であるが，このうち75歳以上23.4％増に対し65-74歳ではマイナス1.8％であり，アクセス困難人口の増加のほとんどは75歳以上の後期高齢者によって占められている。都道府県別には，増加が顕著な神奈川，埼玉といった都市部では，前期および後期高齢者とも増加しているのに対し，人口割合の高かった長崎や青森では前期高齢者の寄与度はマイナスで後期高齢者では増加を相殺している（**図5，図6**）。

5．おわりに

　『平成27年国勢調査』に基づく新たなアクセスマップの推計，および時系列での遡及推計から我が国のアクセス困難人口が一貫して増加傾向にあることが確認された。一方で，これらアクセス困難人口の65歳以上人口に占める割合は低下傾向にあり，地域別には三大都市圏での増加と地方圏での頭打ちや減少という対照的な動きも確認された。同時に，アクセス困難人口のうち75歳以上の後期高齢者の占める割合が全国で既に6割を超えるなど，食料品アクセス問題の中心が後期高齢者にシフトしていることが示された。

　本論では主に全国的な動向について確認したが，アクセスマップはメッシュ単位での推計のため，より詳細な地域での指標提示が可能であり，様々な応用や分析にも有用である。例えば，市町村といった自治体での高齢化関連の事業や地域対策の比較検証において，アクセス困難人口の動向が有効な判断材料になる。また，関連指標と地域住民の検診データ等との分析など，食環境と健康のエビデンス検証においても応用できる。

　アクセスマップから示されるアクセス困難人口は超高齢社会を迎えた我が国の実態を表す代表的指標であるが，同時に解決策のキーワードや判断材料として有効な指標になる。

［付記］
　本章は，高橋（2018）を再構成し，加筆・修正したものである。

引用文献
高橋克也（2018）「食料品アクセス問題の現状と今後－「平成27年国勢調査」に基づく新たな食料品アクセスマップの推計から－」『フードシステム研究』25(3)：119-128。https://doi.org/10.5874/jfsr.25.3_119
山口美輪（2017）「食料品アクセスと高齢者の健康・栄養」『食料品アクセス問題の現状と課題』農林水産政策研究所・食料供給プロジェクト研究資料第3号，

17-30。

薬師寺哲郎・高橋克也・田中耕市（2013）「住民意識からみた食料品アクセス問題
　―食料品の買い物における不便や苦労の要因―」『農業経済研究』85（2）：45-60。
　https://doi.org/10.11472/nokei.85.45

薬師寺哲郎（2014）「食料品アクセス問題と高齢者の健康」農林水産政策研究所研
　究成果報告会資料
　http://www.maff.go.jp/primaff/koho/seminar/2014/attach/pdf/141021_01.pdf
　（2020年 5 月閲覧）。

薬師寺哲郎編（2015）『超高齢社会における食料品アクセス問題―買い物難民，買
　い物弱者，フードデザート問題の解決に向けて―』ハーベスト社。

薬師寺哲郎（2017）「高齢者の自動車利用の推計」『食料品アクセス問題の現状と
　課題』農林水産政策研究所・食料供給プロジェクト研究資料第 3 号，87-113。

第5章

高齢者の自動車利用状況の推計と課題
―自動車所有率，自動車利用可能率，自動車依存率の推計―

薬師寺 哲郎

1．はじめに

　これまでの筆者らの研究で，食料品の買い物における不便や苦労には，食料品店までの距離と自動車利用状況が大きく影響していることが明らかになっている（薬師寺・高橋・田中 2013）。そして，食料品の買い物に不便や苦労をしている人々として，まずは店舗までの距離が500m以上で，自動車がない，65歳以上の高齢者をあげることができることを明らかにした（同）。さらに，これに基づき，筆者らは地域メッシュ統計を用いて，このような人々がどれくらいいるのかを明らかにしてきた（薬師寺・高橋 2013; 薬師寺 2015）。

　しかしながら，これらの推計で重要な役割を果たす自動車利用の状況については，公表されているデータの制約から必ずしも完全なものとはいえなかった（註1）。

　（註1）これまでの方法は，都道府県別の自動車普及率（登録台数/世帯数）と2003年住宅土地統計調査の自動車所有世帯割合から，自動車非所有率＝f（自動車普及率）の関係を求め，これを市町村別の自動車普及率に適用して，市町村別の自動車非所有率を求めた。

　　log（自動車非所有率）= -0.05216-1.2916*自動車普及率
　　　　　　　　　　　　　(-0.820)(-26.758)　　　　　　　　修正R^2 = 0.9396

　　65歳以上，75歳以上については，世論調査による自動車利用可能率の格差を利用して推計した。
　　しかし，この方法には次のような問題点があった。
　①　世帯単位の非所有率を人口に乗じることにより，非所有率が世帯単位か個人単位かがあいまいである。
　②　年齢階層別の推計方法が不明確である。
　③　2003年以降の新しい数値が利用できない。

　そこで，今般，自動車の所有状況も調査されている総務省統計局『全国消費実態調査』の調査票情報を入手・分析することにより，より実態に近い自動車利用の状況を明らかにすることを試みた。

2．推計の考え方

　高齢者の自動車利用状況を明らかにするには，いくつかの方法が考えられるが，本稿では，以下の3つの推計を行った。

①　年齢階層別自動車所有率の推計

　乗用車の登録台数を，所有している年齢階層別に推計し，年齢階層別人口で割ってそれぞれの年齢階層の自動車所有率を求める。これは，個人単位での利用状況である。

②　年齢階層別自動車利用可能率の推計

　自動車を自分で所有していなくても，世帯の誰かが所有していれば自動車が利用可能であると考える。具体的には，年齢階層別の人口に占める，自動車のある世帯に属する世帯員の割合を求める。これは，世帯数の割合ではなく，人口の割合ではあるが，世帯単位での利用状況を反映したものといえる。

　これら2つの比率のいずれを用いても，自動車を利用できない高齢者数を推計することができる。しかしながら，後述するように，年を追って高齢者の自動車所有率は上昇している一方，高齢ドライバーの交通事故も増加しており，①の比率による高齢者の自動車所有率の上昇を手放しでは歓迎できない状況にある。

　一方で，実際には，家族の自動車で買い物に行くなどの高齢者も一般的であるとみられ，そのような実態を考慮に入れると，①，②双方の比率を考慮することが現実に近いと考えられる。

③　自動車依存高齢者人口の推計

　この推計値は，食料品の買い物に苦労する高齢者の推計には用いられない

が，どのくらいの高齢者が自動車に依存しているかを明らかにするものである。これは，自動車を所有し，かつ高齢者のみの世帯の世帯員数である。高齢者としては，ここでは75歳以上と80歳以上の２通りを想定した。このような世帯では，自動車を運転しているのは75歳以上または80歳以上の高齢者であり，買い物などで自動車を使わざるを得ない状況があると考えられる。前述のように，自動車を運転できれば買い物の不便や苦労は大きく改善されるが，高齢ドライバーにとっては交通事故のリスクも増大する。逆に言えば，自動車依存高齢者人口の推計値は，交通事故リスクのために免許証を返納した場合，買い物に困る高齢者がどれくらい発生するのかを明らかにするものでもある。

　そして，この人口がそれぞれ75歳以上または80歳以上人口に占める割合を自動車依存率とする。

　ここで，これら３者の推計の関係を図示すると次の通りである（**図1**）。

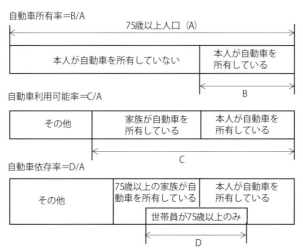

図1　自動車所有率，自動車利用可能率，自動車依存率の関係
（75 歳以上の場合）

3．データと推計の具体的方法

1）データ

　用いたデータは，総務省統計局『全国消費実態調査』の調査票情報（都道府県番号，世帯員数，世帯員の男女別，満年齢，自動車の台数）である。年次は2004年，2009年，2014年の3カ年分である。

　また，自動車の登録台数については，市町村別に整理されている朝日新聞出版『民力2015』による2004年，2009年，2014年のデータを用いた（註2）。

　ベースとなる人口，世帯数，世帯員数等は国勢調査の結果を用いた。年次は2005年，2010年，2015年である。以下において，2005年の数値は2004年の全国消費実態調査の結果と2004年の登録台数（自動車所有率の場合），2005年の国勢調査によって得られた数値であり，2010年値，2015年値も同様である。

2）年齢階層別自動車所有率の推計

（1）年齢階層別自動車所有台数の推計

　『全国消費実態調査』調査票情報のうち，2人以上世帯については，都道府県内全世帯について全世帯員の男女年齢階層別に集計し，このうち自動車のある世帯について，以下の定数項なしの推計式により係数を推定する。

$$Nc_i = \sum_{j=1}^{18} a_j Np_i^j$$

　ここで，Nc_i：i 世帯の自動車所有台数

（註2）自動車の登録台数は，都道府県単位では軽自動車を含む乗用車の登録台数が一般財団法人　自動車検査登録情報協会によりとりまとめられているが，市町村別には軽自動車が含まれていない。一方軽自動車の市町村別登録台数は，全国軽自動車協会連合会によってとりまとめられている。『民力』のデータは，市町村別に軽自動車が含まれた登録台数のデータとなっている。

Np_i^j：i世帯の男女年齢階層jの世帯員数

この結果得られた係数α_jは，男女年齢階層jの1人当たり台数を表す。ここで用いた男女年齢階層jの区分は次の18区分である。

男18〜29歳，男30〜39歳，男40〜49歳，男50〜64歳，男65〜70歳，男70〜74歳，男75〜79歳，男80〜84歳，男85歳以上，女18〜29歳，女30〜39歳，女40〜49歳，女50〜64歳，女65〜70歳，女70〜74歳，女75〜79歳，女80〜84歳，女85歳以上。

『全国消費実態調査』から2014年の年齢階層別自動車所有率について，変数減少法により，非有意だった変数を落としながら推計を行った。80歳以上の係数については有意にならなかったため変数から落としたものも散見されるが，総じて良好な結果となった。

定数項のある推計式であれば，jごとに男女年齢階層jの都道府県計にa_jを乗じて合計すれば都道府県の自動車所有台数計に一致するが，定数項なしの推計式の場合は一致しない。このため，合計が都道府県の自動車所有台数計に一致するよう合計調整を行う。

すなわち，推計値の都道府県合計を $C = \displaystyle\sum_{j=1}^{18} a_j \left(\sum_i Np_i^j \right)$，都道府県の自動

車台数計をCTとすると，CT/Cを男女年齢階層別自動車所有台数 $a_j\left(\displaystyle\sum_i Np_i^j\right)$

に乗じて合計を一致させる。その後，男女年齢階層別に所有台数を世帯員数で除して，男女年齢階層別自動車所有率（調査票ベース）を求める。

単身世帯については，該当の男女別・年齢階層区分に台数を割り当てる。2人以上世帯も単身世帯の場合も，自動車があるかどうかであり，何台あるかは重要でないため，a_jが1を超えるようならば1に，負になるようならば0に調整する。

以上により，『全国消費実態調査』調査票ベースの2人以上世帯・単身世帯別に，男女別年齢階層別自動車所有台数と自動車所有率が求まる。

（2）都道府県値（自動車登録台数ベース）の推計

　（1）により求めた2人以上世帯・単身世帯別，男女別年齢階層別自動車所有台数と自動車所有率を『国勢調査』の結果により全世帯に統合して自動車登録台数ベースの都道府県値を推計する（注3）。

　データは，国勢調査による，単身・2人以上世帯別男女年齢階層別世帯員数および人口，都道府県の乗用車登録台数である。

　男女年齢階層別に，単身・2人以上世帯別の調査票ベースの自動車所有率を『国勢調査』の世帯員数に乗じたうえで，単身世帯と2人以上世帯を加えて全世帯の男女年齢階層別自動車所有者数を求め，自動車所有率を再計算する。

　なお，ここでは，男29歳以下，男30～39歳，男40～49歳，男50～64歳，男65～74歳，男75歳以上，女29歳以下，女30～39歳，女40～49歳，女50～64歳，女65～74歳，女75歳以上の12区分で自動車所有率を求める。

（3）市町村値の推計

　都道府県の男女年齢階層別自動車所有率が，その県の自動車普及率と単身世帯比率に応じて決まっているとの仮定の下で，全47都道府県のデータをもとに次の式を推定する。

$$\log\left(Rf_{kl}\right) = b_1 \cdot \left(\frac{1}{Rate\_car_l}\right) + b_2 \cdot \left(\frac{1}{Rate\_sgle_l}\right) + b_3 \left(-dum_l\right)$$

ここで，

Rf_{kl}：l県の男女年齢階層kの自動車所有率

$Rate\_car_l$：l県の自動車普及率（自動車登録台数／一般世帯数）

$Rate\_sgle_l$：l県の単身世帯比率

dum_l：上記2つの変数による推計結果による残差（マイナス）が標準偏差より大きい場合のダミー

（注3）推計方法の詳細は，薬師寺（2017）を参照のこと。

　男女年齢階層別に推計されたこの式に，市町村の自動車普及率と単身世帯
比率を代入することにより得られた比率を当該市町村の男女年齢階層別の人
口に乗じることにより，市町村の男女年齢階層別自動車所有者数の初期値が
得られる。市町村別の男女年齢階層別自動車所有者数は，これを初期値とし
て，都道府県単位で，市町村計（ヨコ計）が市町村乗用車登録台数，男女年
齢階層別都道府県計（タテ計）が（2）で推計した都道府県値となるよう
RAS調整を行って求めた。

3）年齢階層別自動車利用可能率の推計

(1) 調査票による男女年齢階層別自動車利用可能者数の推計

　自動車利用可能率の推計では，本人が自動車を所有していなくても他の世
帯員の誰かが自動車を所有している場合は，買い物などに自動車で連れて行
ってもらうことができる可能性があるため，自動車が利用可能であると考え
る。『全国消費実態調査』調査票データをもとに，自動車のある世帯の世帯
員数を男女年齢階層別に集計し，これを男女年齢階層別世帯員数で除して自
動車利用可能率とする。

(2) 都道府県値の推計

　都道府県の乗用車登録台数を用いないことを除き，自動車所有者数の推計
と同様である。

　男女年齢階層別に，単身2人以上世帯別の調査票ベースの自動車利用可能
率を国勢調査の世帯員数に乗じてそれぞれの自動車利用可能者数を算出し，
単身世帯と2人以上世帯を加えて全世帯の男女年齢階層別自動車利用可能者
数とする。これを男女年齢階層別人口で割ることにより，自動車利用可能率
を求める。

　なお，実際には，1人当たり自動車所有率と同様，男女年齢階層区分を次
の12区分で自動車利用可能率を求めた。

　男29歳以下，男30～39歳，男40～49歳，男50～64歳，男65～74歳，男75歳

以上，女29歳以下，女30〜39歳，女40〜49歳，女50〜64歳，女65〜74歳，女
75歳以上。

(3) 市町村値の推計

　都道府県の男女年齢階層別自動車利用可能率が，その県の自動車普及率に
応じて決まっているとの仮定の下で，47県のデータをもとに次の式を推定す
る。

$$\log\left(Rpf_{kl}\right) = b_1\left(-\frac{1}{Rate\_car_l}\right) + b_2\left(-dum_l\right)$$

ここで，

Rpf_{kl} : l 県の男女年齢階層 k の自動車利用可能率

$Rate\_car_l$: l 県の自動車普及率（自動車登録台数／一般世帯数）

dum_l : $Rate\_car_l$による推計結果による残差（マイナス）が標準偏差より
　　　　大きい場合のダミー

男女年齢階層別に推計されたこの式に，市町村の自動車普及率を代入する
ことにより得られた自動車利用可能率を当該市町村の男女年齢階層別の人口
に乗じることにより，市町村の男女年齢階層別自動車利用可能者数の初期値
が得られる。市町村別の男女年齢階層別自動車利用可能者数は，これを初期
値として，都道府県単位で，市町村計（ヨコ計）が市町村自動車利用可能者
数計，男女年齢階層別都道府県計（タテ計）が（2）で推計した都道府県値
となるようRAS調整を行って求めた。

4）自動車依存高齢者人口の推計

(1) 調査票による自動車依存高齢者人口の推計

　ここでの自動車依存高齢者とは，自動車に依存している高齢世帯員であり，
仮に自動車が使えなくなると買い物など普段の生活に支障を及ぼすと想定さ
れる人々である。このような人々を統計上把握するのは非常に困難を伴うが，
ここでは以下のような考え方によって把握する。つまり，自動車はあるが，

高齢世帯員のみの世帯の世帯員である。このような世帯では，自動車を運転するのは高齢世帯員に違いなく，また運転する理由も生活の利便性のためであろうと想定される。

　調査票について，都道府県ごとに，単身世帯，2 人以上世帯別に自動車のある世帯で，高齢世帯員のみの世帯の世帯員数を集計し，すべての高齢世帯員に占める割合を求める。高齢世帯員の年齢区分としては，65歳以上，75歳以上，80歳以上の 3 区分について行った。

(2) 都道府県値の推計

　国勢調査の単身世帯，2 人以上世帯別の高齢世帯員数に調査票から得られた比率を乗じたのち，得られた自動車依存高齢者人口を合算して全世帯の国勢調査ベースの自動車依存高齢者人口を求める。自動車依存高齢者人口については，都道府県値までとし，市町村値の推計は行わなかった。

4．推計結果の概要

1）年齢階層別自動車所有率

　2015年の都道府県別年齢階層別の自動車所有率の推計結果を**付表 1** に示した。このうち，2005年から2015年の全国平均を示したのが**図 2** である。年齢階層別にみると30歳台〜50歳台の自動車所有率が高く，65〜74歳，75歳以上と年齢を重ねるにつれて低下している。しかし，自動車所有者の高齢化に伴い，同期間に50歳以上の自動車所有率が高まってきており，特に65〜74歳では2005年の0.417から2015年の0.574に大幅に高まっている。また，75歳以上でも同期間に0.232から0.305に高まっている。

　図 3 に，2015年における65歳以上の市町村別自動車所有率を地図上に示した。北関東などで高齢者の自動車所有率が高い地域がみられる。また，概して北日本よりも，関東から西日本にかけての地域で高齢者の自動車所有率が高いという結果となっている。

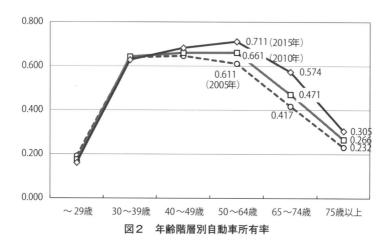

図2　年齢階層別自動車所有率

　図4は，この10年間にこの割合が大きく上昇した地域をみるために，2005年から2015年までの65歳以上の自動車所有率の変化（割合の差）を示したものである。なお，市区町村については2010年時点に統合している。同期間に，65歳以上の自動車所有率は全国平均では0.333から0.444に0.111ポイント高まっている。大きな上昇をみたのは関東から西日本にかけての県が多く，特に山梨，栃木，岐阜，茨城，高知で上昇が大きかった。上昇率が高かった県の多くは2005年の50〜64歳の自動車所有率が高かった県である。

2）年齢階層別自動車利用可能率

　都道府県別の2015年の年齢階層別自動車利用可能率の推計結果は**付表2**に示した。この比率は，自分のほか他の世帯員が自動車を所有している場合も含むので，自動車所有率に比べてかなり高くなっている（**図5**）。また，65歳以上で低下傾向を示しているものの年齢階層間の違いは大きくない。年次変化はあまり大きくはないが，65〜74歳の階層で，2005年の0.713から2015年の0.797に上昇している。これには，この年齢階層の自動車所有率の上昇が影響しているとみられる。

　図6に，2015年における65歳以上の市町村別自動車利用可能率を地図上に

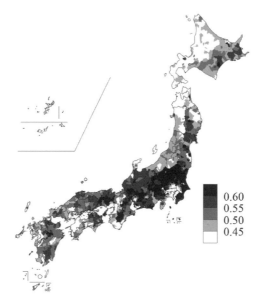

図3　市町村別自動車所有率（2015 年・65 歳以上）

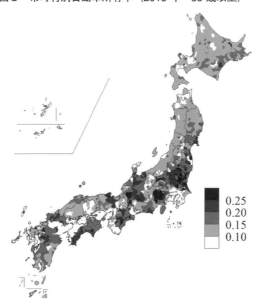

図4　市町村別自動車所有率の変化（2015/2005 年・65 歳以上）

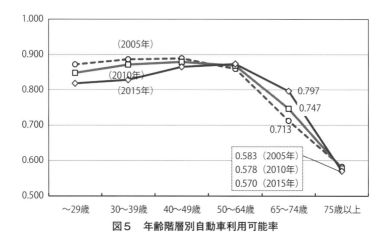

図5　年齢階層別自動車利用可能率

示した。本州中部から東北地方南部で自動車利用可能率が高く，自動車所有率と異なり，相対的に西日本で低くなっている。

　10年間の変化の地域差をみるため，2005年から2015年までの65歳以上の自動車利用可能率の変化を**図7**に示した。大きな上昇をみたのは北海道と西日本であり，西日本では，広島，京都，富山，山口などであった。これらの県では自動車利用可能人口の増加が，65歳以上人口の増加を大きく上回った。

3）自動車依存高齢者人口

　自動車に依存しているとみられる高齢者の人口は増加を続けており，75歳以上で見ると2005年の966千人から2015年には2,986千人に約3倍に増加し，2015年には75歳以上人口の18.5％を占めるようになっている（**図8**）。80歳以上で見ると同期間に157千人から966千人に約6倍に増加し，80歳以上人口の9.8％を占めるに至っている。

　75歳以上の場合について，2015年の自動車依存高齢者人口が75歳以上人口に占める割合（自動車依存率）を都道府県別に示したものが図9である（註

（註4）自動車依存高齢者人口については市町村別の推計は行っていない。

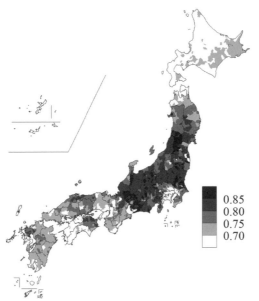

図 6　市町村別自動車利用可能率（2015 年・65 歳以上）

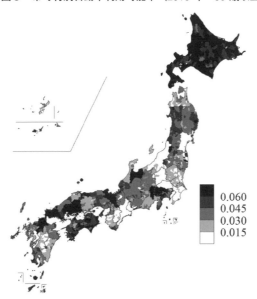

図 7　市町村別自動車利用可能率の変化（2015/2005 年・65 歳以上）

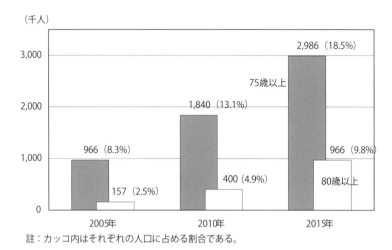

註：カッコ内はそれぞれの人口に占める割合である。

図8　自動車依存高齢者人口の推移

4）。南九州，中国，北関東，北海道などでこの比率が高くなっている（**付表3**）。

　2005年から2015年にかけて，どの県で自動車依存75歳以上人口比率の上昇が大きかったかを示したものが**図10**である。徳島，長野，山口，宮城などで特に上昇が大きかった。これらの県では，75歳以上の人口の増加をはるかに上回る増加率で自動車依存75歳以上人口が増加した。

5．自動車利用状況の要因分析

1）都道府県間，時点間比較

　以上，高齢者の自動車利用状況を示す3つの指標を定性的にみてきたが，ここでこれら指標の地域差をもたらす要因を数量的に検討してみよう。データは，自動車依存率が都道府県単位までしか推計されていないことをふまえ，都道府県単位のこれら指標値と関連すると考えられる変数である。また，アクセス困難人口の中心をしめる75歳以上後期高齢者の指標値を分析対象とする。

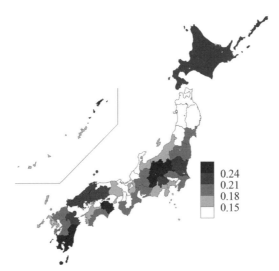

図 9　都道府県別自動車依存率（2015 年・75 歳以上）

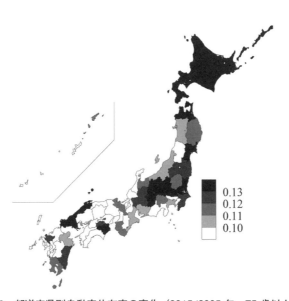

図10　都道府県別自動車依存率の変化（2015/2005 年・75 歳以上）

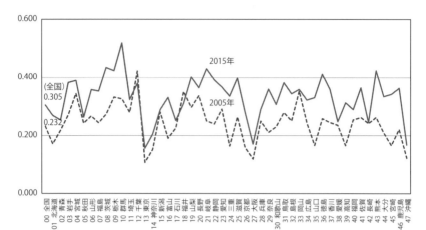

図11　75歳以上の自動車所有率（2005 年及び2015 年）

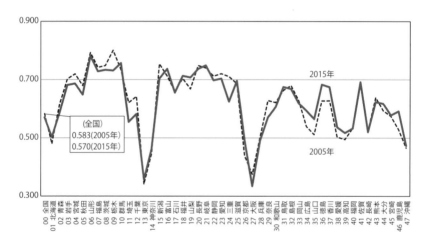

図12　75歳以上の自動車利用可能率（2005 年及び2015 年）

　まず，都道府県単位でこれら指標の2005年と2015年を示したのが**図11**～**図13**である。

　図11の75歳以上の自動車所有率をみると茨城，栃木，群馬といった北関東で高く，東京，大阪といった大都市で低いことが**図3**と同様確認できる。そして，多くの県でこの10年間に自動車所有率を高めていることがわかる。

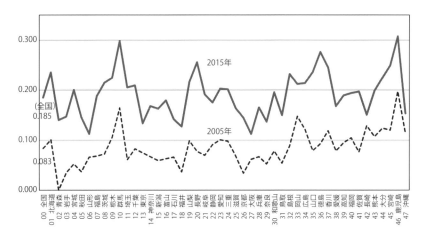

図13　75歳以上の自動車依存率（2005 年及び2015 年）

　これに対して，**図12**の自動車利用可能率は都道府県間の違いは大きいものの，10年間の変化は大きくない。その理由として，この指標は世帯員の誰かが自動車を持っていれば利用可能と分類されることが考えられる。高齢者本人の自動車所有率と異なり，他の世帯員，特に自動車を持っている非高齢者と同居している割合が比較的安定していることによるのではないかと考えられる。

　一方，自動車依存率は自動車所有率と同様10年間で大きく増加した。この場合は自動車所有率の上昇と異なり，どの都道府県においても同じように上昇した。

２）都道府県間の差の要因分析

　以下では，都道府県間の差の要因分析を行うにあたり，要因と考えられる事項を３つ取り上げる。それらは以下の通りである。

①外部環境要因として，2015年食料品アクセスマップから算出した店舗（食料品スーパー）までの平均距離。距離が遠いほど高齢者の自動車利用は多いのではないかと推測される。

表 1　2015 年の 75 歳以上自動車利用状況の要因分析結果

	自動車所有率		自動車利用可能率		自動車依存率	
	全変数	有意な変数のみ	全変数	有意な変数のみ	全変数	有意な変数のみ
定数項	0.748	-0.067	4.397 ***	4.263 ***	-4.518 ***	-4.605 ***
平均距離	0.029	-	0.052	-	0.034	-
若年層との非同居割合	-0.143	-	-0.611 ***	-0.624 ***	1.026 ***	1.018 ***
2005 年 65-74 歳自動車所有率	0.860 ***	0.928 ***	0.553 ***	0.609 ***	0.880 ***	0.916 ***
調整済み決定係数 R^2	0.497	0.511	0.849	0.842	0.563	0.570

註：1）***0.1％有意
　　2）若年層とは，ここでは 65 歳未満
　　3）両対数式による推計結果である

②世帯構成要因として，若年層（65歳未満）と同居していない高齢者の割合。若年層のサポートが期待できない世帯員が多い都道府県では自動車所有率と自動車依存率は高まるのではないかと推測される。ただし，自動車利用可能率に対しては逆に働くとみられる。なお，ここでは65歳未満の世帯員と同居していない65歳以上の高齢者の割合をとる（国勢調査では65歳未満の世帯員と同居している75歳以上の世帯員数は集計されていない）。

③本人の自動車運転歴，すなわち10年前に自動車を運転していたかどうかであり，変数として2005年における65～74歳の自動車所有率をデータとして用いる。2005年時点でこの年代の自動車所有率が高ければ，2015年も引き続き自動車を運転している可能性が高く，2015年の自動車所有率も高くなるとみられる。そして，2015年の自動車依存率も高くなると推測される。さらに，現在の自動車所有率は自動車利用可能率の構成要素の一部であるから，2015年の自動車利用可能率も高くなろう。

　これらの変数を説明変数とし，2015年の75歳以上の自動車所有率，自動車利用可能率，自動車依存率を被説明変数として，回帰分析した結果が表1である。推計は両対数式で行った。

　まず，平均距離は，いずれの指標にも有意な影響を及ぼしていなかった。つまり，店舗への平均距離が遠い都道府県で高齢者の自動車利用が多いという結果にはなっていない。

　また，若年層との同居については，世帯員に若年層がいないから自動車所有率が高いというわけではなかった。しかし，若年層と同居していない高齢

者の割合が高いほど自動車利用可能率は低くなるという結果となった。逆に
いえば若年層と同居している割合が高いほど自動車利用可能率は高くなると
いうことであり，自動車利用可能率の定義（本人を含め家族の誰かが自動車
を持っていれば自動車を利用可能）からして，当然予想される結果である。
また，若年層と同居していない高齢者が多いと自動車依存率が高くなるとの
結果となっているが，これも定義からして当然予想される結果である。

　2005年における65〜74歳の自動車所有率はいずれの指標に対してもプラス
の影響を与えていた。

　以上を総合すると，過去からの自動車運転習慣が75歳以上高齢者の自動車
利用に大きく影響を与えており，自動車所有率はこの要因のみが有意であっ
た。また，自動車利用可能率や自動車依存率は世帯構成の要因が大きく影響
を及ぼしており，同居の若年層がいるほど自動車利用可能率は高まり，逆に，
同居の若年層がいない高齢者のみの世帯ほど自動車依存率が高まるという結
果となった。

　これらは都道府県間の比較による分析結果であるが，10年間に自動車所有
率や自動車依存率が高まっている理由も一部これにより説明できるであろう。

3）いくつかの都道府県についての要因分解

　以下では，これまで推計された要因ごとの係数を用いて，いくつかの都道
府県について，2015年の75歳以上の自動車所有率，自動車利用可能率，自動
車依存率の要因分解を行う。

　まず，2015年の75歳以上の自動車所有率については，最高は群馬の51.8％，
最低は東京の15.6％であった。これらの対数をとって，要因分解すると，も
っぱら10年前の10歳若いとき，すなわち2005年時点での65〜74歳の自動車所
有率でほぼ説明できることがわかる（**表2**）。実際，群馬の2005年の65〜74
歳の自動車所有率は63.1％と高い一方，東京のそれは23.9％しかない。高齢
者の自動車所有率の高さは過去の自動車所有率の高さを引きずっている（逆
はその逆）と言えよう。

表2　自動車所有率の要因分析（群馬，東京）

	群馬（最高）		東京（最低）	
2015年75歳以上自動車所有率（%）	51.8		15.6	
2005年65-74歳自動車所有率（%）	63.1		23.9	
2015年75歳以上自動車所有率（対数）	3.947	(100.0)	2.745	(100.0)
〈要因分解〉				
定数部分	-0.067	(-1.7)	-0.067	(-2.4)
2005年65-74歳自動車所有率	3.847	(97.5)	2.946	(107.3)
残差	0.167	(4.2)	-0.134	(-4.9)

註：（　）内は寄与率（%）

表3　自動車利用可能率の要因分析（山形，大阪）

	山形（最高）		大阪（最低）	
2015年75歳以上自動車利用可能率（%）	78.1		33.4	
2015年若年層と非同居割合（%）	37.6		62.6	
2005年65-74歳自動車所有率（%）	51.2		24.7	
2015年75歳以上自動車利用可能率（対数）	4.358	(100.0)	3.510	(100.0)
〈要因分解〉				
定数部分	4.263	(97.8)	4.263	(121.5)
若年層と非同居	-2.263	(-51.9)	-2.581	(-73.5)
2005年65-74歳自動車所有率	2.398	(55.0)	1.953	(55.6)
残差	-0.041	(-0.9)	-0.126	(-3.6)

註：1）（　）内は寄与率（%）
　　2）若年層とは，ここでは65歳未満

　次に，自動車利用可能率の要因である。2015年で最高は山形の78.1%，最低は大阪の33.4%であった。この要因分解をみると（**表3**），いずれも10年前の自動車所有率が要因の55%と半分以上を占めており，これで多くが決まっている。これにより自動車所有率が決まり，それを反映して自動車利用可能率も決まるという図式である。しかし，大阪の場合は，若年層との非同居の要因が大きく引き下げの方向に影響している（-73.5%）ことがわかる。逆に，若年層と同居している割合が山形の場合は62.4%（100−37.6）を占めることが，大阪に比べ若年層との非同居割合の影響を低め，自動車利用可能率を大きく引き上げているとみられる。

　最後に，自動車依存率の要因である。2015年の自動車依存率の最高は鹿児島の30.7%，最低は山形と大阪でともに11.2%であった。いずれの県においても，若年層と同居の要因が最も大きく影響し，次いで2005年の自動車所有率であった（**表4**）。鹿児島では，若年層と同居していない割合が67.7%と極めて高く，さらに2005年65〜74歳の自動車所有率も50.0%と高いことが自

表4　自動車依存率の要因分析（鹿児島，山形，大阪）

	鹿児島（最高）		山形（最低）		大阪（最低）	
2015年75歳以上自動車依存率（%）	30.7		11.2		11.2	
2015年若年層と非同居割合（%）	67.7		37.6		62.6	
2005年65-74歳自動車所有率（%）	50.0		51.2		24.7	
2015年75歳以上自動車依存率（対数）	3.426	(100.0)	2.420	(100.0)	2.419	(100.0)
〈要因分解〉						
定数部分	-4.605	(-134.4)	-4.605	(-190.3)	-4.605	(-190.4)
若年層と非同居	4.290	(125.2)	3.692	(152.6)	4.210	(174.1)
2005年65-74歳自動車所有率	3.585	(104.6)	3.607	(149.1)	2.937	(121.4)
残差	0.156	(4.6)	-0.274	(-11.3)	-0.124	(-5.1)

註：1）（　）内は寄与率（%）
　　2）若年層とは，ここでは65歳未満

動車依存率を押し上げている。一方，山形と大阪はいずれも自動車依存率が11.2%であるが，その要因は異なる。大阪の場合，若年層と同居していない高齢者の割合が62.6%と鹿児島と同程度に高いが，10年前2005年の自動車所有率が24.7%と低いことが2015年の自動車依存率を低めている。山形の場合，10年前の自動車所有率が51.2%と鹿児島と同程度に高いものの，若年層と同居している割合が高く，これが自動車依存率を低めている。

　以上のように，2015年における都道府県間の高齢者の自動車利用状況の違いは，10年前である2005年の自動車所有率，若年層との同居といった世帯構成によって多くの部分が説明できる。しかし，それでは10年前の2005年の自動車所有率は何によって決まったのかという疑問が残る。これについてはデータの蓄積をまって分析を行う必要があり，今後の課題として残っている。

6．おわりに

　本稿の推計を通じて，自動車を所有する高齢者が増加しつつあること，また，それに伴い，同じ世帯に自動車所有者がいる高齢者も大幅に増加しつつあること，自動車に依存している高齢者も大幅に増加していることが明らかになった。

　自動車の利用可能性は食料品へのアクセス条件を大きく改善し，自ら運転して買い物に行く高齢者が増加することは，買い物の利便性を維持すること

につながる。しかしながら，近年高齢ドライバーによる交通事故が頻繁に報道されるようになっており，このような状況を手放しでは喜ぶ訳にはいかない。自分で運転している高齢者もやむを得ずそうしているという面もあろう。

　実際，2015年2月に北関東の50歳代を対象に行ったインターネット調査では，現在買い物に不便を感じている人は28.1％に過ぎなかったが，70歳代になる20年後に不便を感じるようになると予想している人は67.4％にのぼった。その理由として「身体的にきつくなる」に次いで多かったのが「運転に不安がある」であった（高橋 2017）。

　近年，高齢運転者の交通事故防止対策の一環として，ペダル踏み間違い急発進抑制装置等を搭載した安全運転サポート車の普及が進められている（註5）。今後の高齢化の一層の進展のなかで，このような技術によって安全な買い物環境を形成することも重要であるが，他方，高齢者が自らの自動車の運転に頼らずに買い物ができる環境を作っていくことがこれまで以上に重要な課題となると言えよう。

　　［付記］
　本章は，高橋（2018）を再構成し，加筆・修正したものである。

引用文献

高橋克也（2017）「店舗までの距離が主観的アクセスに及ぼす影響—農林水産情報交流ネットワーク事業・全国調査モニター調査による—」『食料品アクセス問題の現状と課題−高齢者・健康・栄養・多角的視点からの検討』農林水産政策研究所：75-88。
薬師寺哲郎・高橋克也・田中耕市（2013）「住民意識からみた食料品アクセス問題—食料品の買い物における不便や苦労の要因—」『農業経済研究』85（2）：45-60。https://doi.org/10.11472/nokei.85.45
薬師寺哲郎・高橋克也（2013）「食料品アクセス問題における店舗への近接性—店舗までの距離の計測による都市と農村の比較—」『フードシステム研究』20（1）：14-25。https://doi.org/10.5874/jfsr.20.14

（註5）「安全運転サポート車webサイト」（https://www.safety-support-car.go.jp，2020年7月9日確認）

薬師寺哲郎編著（2015）『超高齢社会における食料品アクセス問題—買い物難民，買い物弱者，フードデザート問題の解決に向けて—』ハーベスト社。

薬師寺哲郎「高齢者の自動車利用状況の推計」（2017）『食料品アクセス問題の現状と課題—高齢者・健康・栄養・多角的視点からの検討—』食料供給プロジェクト研究資料第3号，農林水産政策研究所：87-113。

付表 1　都道府県別自動車所有率（2015 年）

		～29 歳	30～39 歳	40～49 歳	50～64 歳	65～74 歳	75 歳以上	平均	（再掲）65 歳以上
00	全国	0.160	0.628	0.683	0.711	0.574	0.305	0.472	0.444
01	北海道	0.263	0.704	0.772	0.697	0.527	0.269	0.513	0.399
02	青森県	0.213	0.895	0.830	0.752	0.602	0.253	0.546	0.424
03	岩手県	0.193	0.757	0.790	0.834	0.680	0.382	0.565	0.520
04	宮城県	0.198	0.734	0.683	0.824	0.668	0.389	0.536	0.529
05	秋田県	0.171	0.856	0.824	0.915	0.673	0.263	0.577	0.449
06	山形県	0.263	0.884	0.870	0.878	0.679	0.357	0.608	0.502
07	福島県	0.259	0.886	0.812	0.863	0.721	0.353	0.605	0.528
08	茨城県	0.229	0.856	0.940	0.945	0.815	0.434	0.654	0.637
09	栃木県	0.274	0.765	0.922	0.929	0.837	0.423	0.655	0.643
10	群馬県	0.238	0.853	0.998	0.988	0.792	0.518	0.678	0.660
11	埼玉県	0.108	0.545	0.637	0.645	0.540	0.324	0.429	0.448
12	千葉県	0.104	0.612	0.602	0.667	0.522	0.380	0.438	0.460
13	東京都	0.059	0.251	0.382	0.350	0.325	0.156	0.232	0.244
14	神奈川県	0.059	0.454	0.505	0.531	0.424	0.204	0.332	0.324
15	新潟県	0.254	0.847	0.907	0.850	0.675	0.290	0.592	0.473
16	富山県	0.270	0.910	0.973	0.908	0.807	0.331	0.652	0.573
17	石川県	0.245	0.938	0.863	0.952	0.681	0.252	0.605	0.476
18	福井県	0.272	0.851	0.930	0.938	0.806	0.310	0.632	0.552
19	山梨県	0.222	0.848	0.908	0.951	0.889	0.402	0.647	0.641
20	長野県	0.217	0.877	0.912	0.979	0.822	0.364	0.640	0.583
21	岐阜県	0.233	0.825	0.925	0.897	0.775	0.430	0.627	0.608
22	静岡県	0.199	0.822	0.853	0.835	0.684	0.392	0.584	0.543
23	愛知県	0.216	0.751	0.781	0.762	0.636	0.367	0.538	0.514
24	三重県	0.238	0.850	0.900	0.954	0.734	0.335	0.620	0.538
25	滋賀県	0.174	0.782	0.839	0.842	0.599	0.398	0.547	0.505
26	京都府	0.169	0.500	0.490	0.576	0.468	0.278	0.381	0.379
27	大阪府	0.099	0.431	0.473	0.486	0.353	0.171	0.310	0.270
28	兵庫県	0.112	0.481	0.668	0.631	0.498	0.290	0.411	0.400
29	奈良県	0.112	0.621	0.714	0.739	0.561	0.359	0.472	0.467
30	和歌山県	0.186	0.766	0.845	0.856	0.596	0.307	0.549	0.450
31	鳥取県	0.215	0.829	0.816	0.881	0.704	0.382	0.587	0.533
32	島根県	0.241	0.767	0.760	0.851	0.779	0.344	0.574	0.542
33	岡山県	0.252	0.834	0.822	0.863	0.719	0.359	0.585	0.540
34	広島県	0.206	0.688	0.644	0.779	0.591	0.322	0.499	0.462
35	山口県	0.149	0.810	0.873	0.910	0.700	0.330	0.574	0.514
36	徳島県	0.200	0.839	0.875	0.825	0.711	0.411	0.591	0.557
37	香川県	0.213	0.846	0.809	0.871	0.744	0.359	0.586	0.551
38	愛媛県	0.174	0.805	0.734	0.866	0.575	0.248	0.522	0.408
39	高知県	0.222	0.787	0.738	0.743	0.650	0.313	0.531	0.474
40	福岡県	0.174	0.712	0.753	0.698	0.598	0.290	0.490	0.450
41	佐賀県	0.241	0.882	0.862	0.837	0.655	0.364	0.583	0.503
42	長崎県	0.149	0.730	0.699	0.827	0.548	0.244	0.492	0.389
43	熊本県	0.165	0.789	0.891	0.817	0.623	0.424	0.556	0.516
44	大分県	0.203	0.813	0.856	0.859	0.724	0.334	0.577	0.523
45	宮崎県	0.234	0.795	0.910	0.868	0.729	0.342	0.593	0.526
46	鹿児島県	0.192	0.771	0.771	0.891	0.654	0.363	0.559	0.495
47	沖縄県	0.188	0.833	0.824	0.789	0.657	0.168	0.518	0.405

註：年齢階層別登録台数推計値/人口。年齢不詳の人口は 29 歳以下に含む。

付表2　都道府県別年齢階層別自動車利用可能率（2015年）

		～29歳	30～39歳	40～49歳	50～64歳	65～74歳	75歳以上	平均	（再掲） 65歳以上
00	全国	0.819	0.829	0.865	0.874	0.797	0.570	0.802	0.688
01	北海道	0.899	0.859	0.913	0.882	0.808	0.503	0.823	0.658
02	青森県	0.872	0.925	0.907	0.901	0.823	0.586	0.838	0.702
03	岩手県	0.911	0.904	0.915	0.930	0.889	0.682	0.874	0.778
04	宮城県	0.824	0.949	0.862	0.932	0.856	0.687	0.852	0.771
05	秋田県	0.916	0.993	0.960	0.954	0.905	0.649	0.887	0.765
06	山形県	0.963	0.980	0.951	0.937	0.944	0.781	0.925	0.854
07	福島県	0.921	0.973	0.881	0.944	0.893	0.728	0.894	0.807
08	茨城県	0.919	0.929	0.973	0.956	0.926	0.733	0.913	0.836
09	栃木県	0.958	0.874	0.944	0.980	0.926	0.731	0.918	0.834
10	群馬県	0.888	0.878	0.942	0.935	0.888	0.757	0.886	0.825
11	埼玉県	0.809	0.814	0.875	0.860	0.785	0.555	0.799	0.686
12	千葉県	0.784	0.842	0.822	0.876	0.758	0.582	0.788	0.680
13	東京都	0.583	0.512	0.677	0.654	0.606	0.357	0.579	0.487
14	神奈川県	0.725	0.758	0.799	0.816	0.707	0.462	0.727	0.595
15	新潟県	0.961	0.975	0.959	0.935	0.897	0.704	0.908	0.796
16	富山県	0.914	0.967	0.985	0.959	0.935	0.737	0.915	0.837
17	石川県	0.880	0.968	0.899	0.958	0.851	0.656	0.874	0.758
18	福井県	0.923	0.949	0.981	0.972	0.943	0.713	0.915	0.825
19	山梨県	0.878	0.959	0.974	0.948	0.904	0.708	0.893	0.804
20	長野県	0.956	0.966	0.972	0.960	0.947	0.737	0.925	0.837
21	岐阜県	0.940	0.954	0.981	0.963	0.940	0.749	0.926	0.848
22	静岡県	0.910	0.964	0.976	0.966	0.912	0.698	0.909	0.809
23	愛知県	0.901	0.943	0.967	0.951	0.902	0.704	0.905	0.812
24	三重県	0.926	0.910	0.922	0.950	0.859	0.625	0.878	0.744
25	滋賀県	0.892	0.923	0.938	0.954	0.837	0.696	0.885	0.771
26	京都府	0.776	0.793	0.762	0.821	0.755	0.492	0.745	0.632
27	大阪府	0.744	0.724	0.757	0.760	0.596	0.334	0.678	0.478
28	兵庫県	0.792	0.757	0.887	0.844	0.718	0.492	0.763	0.612
29	奈良県	0.879	0.868	0.915	0.906	0.835	0.570	0.840	0.712
30	和歌山県	0.917	0.904	0.952	0.958	0.846	0.606	0.869	0.725
31	鳥取県	0.918	0.967	0.904	0.963	0.901	0.675	0.891	0.781
32	島根県	0.906	0.915	0.956	0.946	0.886	0.669	0.876	0.768
33	岡山県	0.899	0.972	0.956	0.938	0.888	0.618	0.881	0.754
34	広島県	0.877	0.918	0.848	0.927	0.839	0.594	0.845	0.721
35	山口県	0.829	0.902	0.942	0.937	0.873	0.565	0.837	0.718
36	徳島県	0.854	0.973	0.945	0.917	0.887	0.683	0.869	0.782
37	香川県	0.865	0.980	0.909	0.935	0.914	0.675	0.876	0.794
38	愛媛県	0.872	0.984	0.868	0.927	0.805	0.536	0.833	0.668
39	高知県	0.877	0.937	0.924	0.900	0.860	0.517	0.830	0.681
40	福岡県	0.818	0.921	0.950	0.882	0.810	0.533	0.825	0.676
41	佐賀県	0.917	0.978	0.985	0.934	0.897	0.692	0.901	0.789
42	長崎県	0.844	0.885	0.833	0.905	0.774	0.520	0.800	0.640
43	熊本県	0.863	0.975	0.956	0.913	0.865	0.624	0.861	0.736
44	大分県	0.848	0.956	0.938	0.940	0.836	0.618	0.852	0.723
45	宮崎県	0.933	0.936	0.967	0.953	0.899	0.578	0.882	0.731
46	鹿児島県	0.885	0.869	0.883	0.937	0.826	0.591	0.839	0.697
47	沖縄県	0.880	0.954	0.937	0.869	0.811	0.473	0.848	0.637

註：年齢階層別利用可能人口推計値/人口。年齢不詳の人口は29歳以下に含む。

付表 3　都道府県別自動車依存率

		75 歳以上			80 歳以上		
		2005 年	2010 年	2015 年	2005 年	2010 年	2015 年
00	全国	0.083	0.131	0.185	0.025	0.049	0.098
01	北海道	0.101	0.163	0.236	0.029	0.047	0.119
02	青森県	0.000	0.105	0.140	0.000	0.014	0.071
03	岩手県	0.034	0.068	0.147	0.000	0.017	0.028
04	宮城県	0.052	0.091	0.200	0.018	0.031	0.095
05	秋田県	0.037	0.069	0.145	0.026	0.029	0.065
06	山形県	0.066	0.080	0.112	0.009	0.028	0.057
07	福島県	0.068	0.146	0.188	0.000	0.060	0.109
08	茨城県	0.072	0.152	0.215	0.008	0.069	0.122
09	栃木県	0.106	0.121	0.225	0.032	0.038	0.083
10	群馬県	0.164	0.197	0.298	0.032	0.085	0.214
11	埼玉県	0.061	0.129	0.205	0.018	0.039	0.098
12	千葉県	0.082	0.142	0.209	0.018	0.054	0.128
13	東京都	0.074	0.113	0.134	0.022	0.055	0.066
14	神奈川県	0.066	0.126	0.168	0.016	0.061	0.075
15	新潟県	0.059	0.125	0.163	0.010	0.037	0.056
16	富山県	0.062	0.108	0.179	0.024	0.000	0.092
17	石川県	0.066	0.123	0.142	0.000	0.029	0.037
18	福井県	0.036	0.147	0.127	0.000	0.040	0.075
19	山梨県	0.099	0.124	0.216	0.057	0.056	0.128
20	長野県	0.077	0.184	0.256	0.014	0.087	0.196
21	岐阜県	0.069	0.132	0.191	0.026	0.058	0.100
22	静岡県	0.091	0.146	0.175	0.030	0.039	0.099
23	愛知県	0.101	0.128	0.203	0.029	0.043	0.139
24	三重県	0.098	0.153	0.201	0.017	0.049	0.098
25	滋賀県	0.068	0.102	0.164	0.026	0.090	0.086
26	京都府	0.034	0.125	0.145	0.000	0.075	0.095
27	大阪府	0.061	0.072	0.112	0.006	0.025	0.053
28	兵庫県	0.067	0.134	0.165	0.013	0.071	0.057
29	奈良県	0.052	0.089	0.137	0.000	0.041	0.066
30	和歌山県	0.078	0.141	0.195	0.000	0.014	0.155
31	鳥取県	0.054	0.127	0.150	0.013	0.081	0.092
32	島根県	0.089	0.142	0.232	0.037	0.020	0.131
33	岡山県	0.147	0.124	0.212	0.076	0.086	0.091
34	広島県	0.121	0.196	0.214	0.040	0.089	0.083
35	山口県	0.079	0.162	0.236	0.000	0.084	0.118
36	徳島県	0.093	0.119	0.276	0.013	0.037	0.215
37	香川県	0.119	0.149	0.245	0.034	0.055	0.148
38	愛媛県	0.078	0.101	0.168	0.021	0.012	0.116
39	高知県	0.095	0.185	0.189	0.060	0.059	0.128
40	福岡県	0.105	0.144	0.194	0.086	0.023	0.099
41	佐賀県	0.076	0.085	0.197	0.027	0.050	0.092
42	長崎県	0.129	0.065	0.151	0.079	0.012	0.053
43	熊本県	0.107	0.139	0.198	0.021	0.064	0.073
44	大分県	0.124	0.104	0.225	0.031	0.046	0.132
45	宮崎県	0.120	0.184	0.249	0.036	0.033	0.163
46	鹿児島県	0.197	0.257	0.307	0.072	0.060	0.228
47	沖縄県	0.114	0.146	0.153	0.026	0.062	0.030

註：自動車依存高齢者人口推計値／高齢者人口。

第6章
2025年アクセス困難人口の予測
—変化要因と将来推計人口の外挿による—

池川 真里亜・薬師寺 哲郎・高橋 克也

1．アクセス困難人口の変化要因

第4章で見たように，我が国のアクセス困難人口は678.4万人（2005年），732.7万人（2010年），824.6万人（2015年）と一貫して増加傾向にあることが確認された。また，アクセス困難人口は2005年から2015年に全国で21.6％増加であるが，三大都市圏では44.1％増に対し，地方圏では7.4％増と都市部での増加が著しい。さらに，75歳以上のアクセス困難人口は同期間に全国42.1％増であり，そのうち三大都市圏68.9％増に対して地方圏28.1％増と，後期高齢者および都市部でアクセス困難人口が大幅に増加していることがあきらかになった。

アクセス困難人口はその定義から，店舗，（高齢者）人口，自動車利用によって規定されるが，2005年から2015年にかけての変化をこれら要因別に分解することが出来る（**図1**）。アクセス困難人口は同期間に21.6％増加であったが，このうち最も大きいのが高齢者人口の増加による人口要因でプラス23.5％であり，次いで店舗数の減少を示す店舗等要因のプラス13.9％であった。一方，高齢者の自動車利用を示す自動車要因がマイナス14.7％，交絡などその他要因がマイナス1.1％となっている。

さらに，年齢階層別，地域別に要因分解を行うとアクセス困難人口の変化の特徴が明らかになる。2005年から2015年にかけて65-74歳の前期高齢者のアクセス困難人口はマイナス4.2％であったが，これは自動車要因のマイナス26.6％の寄与度が高く，すなわち前期高齢者では自動車利用がアクセス困難人口を減少させ，人口要因および店舗等要因の寄与度を相殺していること

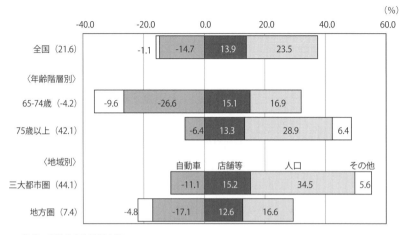

図1　アクセス困難人口・要因別変化率（2015/2005年）

資料：農林水産政策研究所

が分かる。一方，75歳以上のアクセス困難人口は同期間に42.1％増加であるが，自動車要因はマイナス6.4％と縮小し，人口要因がプラス28.9％と大きく占めている。

　地域別にみると，高齢者人口の増加を示す人口要因は，地方圏がプラス16.6％に対して三大都市圏ではプラス34.5％とおよそ2倍の水準であり，都市部での急速な高齢者人口の増加がアクセス困難人口の増加に結びついていることが示されている。一方，店舗等要因は地域で大きな差はなく全国的に店舗数が減少していることを表している。また，自動車要因も地域差が確認され，例えば公共交通の発達している三大都市圏での自動車要因はマイナス11.1％に過ぎないが，もともと自動車への依存度が高い地方圏ではマイナス17.1％とアクセス困難人口の減少に寄与していることが示された。

2．2025年アクセス困難人口の予測

　2005年から2015年にかけて我が国のアクセス困難人口は後期高齢者および

都市部で拡大しており，その要因として人口要因が大きいことが確認された。それでは，今後ともアクセス困難人口は引き続き増加傾向にあるのか，あるいは年齢階層や地域別に差がみられるのか，2015年から10年後である2025年のアクセス困難人口について推計を試みた。

　前述の通り，2005年から2015年のアクセス困難人口はその定義から店舗等，（高齢者）人口，自動車要因に分解される。2025年のアクセス困難人口の予測においては，人口要因として国立社会保障・人口問題研究所が公表した『日本の地域別将来推計人口』（2018年推計）を利用し，店舗等および自動車要因についてはそれぞれ2015年値を固定値として，2025年のアクセス困難人口を都道府県別に予測した。すなわち，2015年までのアクセス困難人口は空間的に推計された食料品アクセスマップがベースとなるが，2025年アクセス困難人口は過去10年間の変化率に将来推計人口を外挿した予測値である。

3．予測の具体的方法

　2025年アクセス困難人口予測の具体的方法は以下の通りである。

a．外挿値の設定

①人口：国立社会保障・人口問題研究所「日本の地域別将来推計人口（平成30（2018）年推計）」都道府県別を外挿

②自動車：2015年都道府県値を固定値として外挿

③店舗：2015年都道府県値を固定値として外挿

　ここでは，データ上の制約から，店舗等および自動車要因についてはそれぞれ2015年値を固定値としている。店舗の減少がさらに続くと仮定するならば，店舗減少の影響が過小評価される可能性があることに注意されたい。今後とも65〜74歳の自動車利用困難率は低下する可能性があるが，今後大きな割合を占めるとみられる75歳以上については身体的制約がありそれほど低下しないとの想定のもとに，自動車利用困難率を固定した。

b. 困難人口パラメータ推定（都道府県別）

　店舗種類別（スーパー，コンビニ，他），年齢階層別（65歳以上，75歳以上）に，以下の式により都道府県パラメータを推定する。

$$\left(困難人口\right)_{kni} = \theta_i + \beta_1 \left(人口\right)_{kni} + \beta_2 \left(\frac{\left(自動車なし人口\right)_n}{\left(人口\right)_n}\right) + \beta_3 \left(店舗数\right)_k + u_i$$

　　※パネルデータ使用（i…都道府県：固定効果（within），t…2005, 2010, 2015）
　　※都道府県固定効果…θ，店舗種類…k，年齢階層…n

c. 店舗種類別の困難人口作成

　bで用いた推計式にパラメータ（都道府県固定効果θ，β_1, β_2, β_3）と，aで作成した「人口」「自動車なし人口／人口」「店舗数」の値を外挿して，店舗種類別の困難人口を都道府県ごとに算出する。

d. 店舗種類別寄与度で按分

　cで算出した店舗種別困難人口に，店舗種別寄与度を乗算して按分する。都道府県別店舗種別寄与度は，2010年から2015年にかけての困難人口の変化における寄与度を利用した。

4．2025年アクセス困難人口の動向

　上記の手順による2025年アクセス困難人口は全国で871.9万人，うち三大都市圏405.4万人，地方圏466.4万人と推計された（**表1**，**図2**）。2025年においてアクセス困難人口は65歳以上人口の23.7％を占めるとともに，75歳以上のアクセス困難人口は638.1万人で75歳以上人口の29.3％を占めるとみられる。また，2025年のアクセス困難人口のうち75歳以上の占める割合は73.2％に達すると予測される。同時に，アクセス困難人口における三大都市圏の割合は46.5％であり，引き続き後期高齢者および都市部でのアクセス困難人口の増

表1　2025年アクセス困難人口（年齢階層別・地域別）

（千人，％）

	2005年 ⅰ		2015年 ⅱ		2025年 ⅲ（予測）		変化率		
		割合		割合		割合	（ⅱ/ⅰ）	（ⅲ/ⅱ）	（ⅲ/ⅰ）
全国・65歳以上 a	6,784	26.4	8,246	24.6	8,719	23.7	21.6	5.7	28.5
年齢階層別									
65-74歳	3,017	21.4	2,891	16.7	2,337	15.6	▲4.2	▲19.2	▲22.5
75歳以上 b	3,767	32.5	5,355	33.2	6,381	29.3	42.1	19.2	69.4
（b/a）	55.5		64.9		73.2				
地域別									
三大都市圏 c	2,621	22.5	3,776	23.3	4,054	22.7	44.1	7.4	54.7
地方圏	4,163	29.7	4,470	25.9	4,664	24.7	7.4	4.4	12.0
（c/a）	38.6		45.8		46.5				

資料：農林水産政策研究所
注：割合は各年代の年齢階層別人口に占める割合である。

資料：農林水産政策研究所

図2　アクセス困難人口の推移（2005-25年）

加・集中が確認された。一方で，アクセス困難人口の変化率は，過去10年に
21.6％増加だったのに対し，2015年から2025年では5.7％増加とそのペースは
緩やかになっている。

　ここで都道府県別に2025年のアクセス困難人口の動向を確認する。2025年
におけるアクセス困難人口の割合は全国平均23.7％であるが，都道府県別に
は長崎30.5％，青森29.9％，鹿児島29.5％で高く，山梨16.4％，鳥取17.2％，

表 2　2025 年アクセス困難人口（都道府県別）

（千人, %）

	2015 年 a	うち75歳以上 b	2025 年 c（予測）	割合	うち75歳以上 d	割合	変化率・割合 (c/a)	(d/b)	(d/c)
全国	8,246	5,355	8,719	23.7	5,355	29.3	5.7	19.2	73.2
北海道	452	294	496	28.8	294	35.3	9.9	21.8	72.3
青森	132	90	127	29.9	90	36.2	▲3.7	▲3.5	68.7
岩手	112	80	114	27.5	80	35.0	1.9	2.6	72.5
宮城	143	96	164	23.6	96	30.1	14.5	22.0	71.6
秋田	107	81	105	29.0	81	38.1	▲1.8	▲1.8	76.2
山形	81	60	82	22.3	60	29.5	0.9	2.7	75.8
福島	138	101	150	24.4	101	28.0	8.7	▲5.0	63.8
茨城	157	117	191	21.7	117	29.7	21.8	27.6	78.2
栃木	98	75	112	19.6	75	27.5	14.1	16.6	78.2
群馬	103	70	132	22.2	70	24.8	27.2	24.5	66.0
埼玉	386	217	448	22.0	217	27.8	16.2	54.8	75.1
千葉	389	212	437	24.4	212	28.9	12.1	46.2	70.9
東京	601	340	638	19.5	340	24.2	6.1	38.6	73.9
神奈川	606	343	620	25.6	343	30.2	2.3	29.5	71.6
新潟	185	135	192	26.2	135	33.6	3.6	6.6	75.0
富山	72	56	68	20.2	56	26.8	▲5.7	▲0.5	82.3
石川	85	59	81	23.6	59	26.9	▲5.5	▲5.4	69.2
福井	51	41	44	18.5	41	26.7	▲13.5	▲8.6	85.2
山梨	50	41	42	16.4	41	24.7	▲14.9	▲9.0	87.9
長野	142	115	157	23.6	115	32.9	10.1	15.6	84.9
岐阜	114	84	126	20.9	84	26.7	10.7	15.4	76.3
静岡	220	150	258	23.1	150	29.4	17.2	30.6	75.9
愛知	357	224	422	21.6	224	28.4	18.2	47.8	78.7
三重	138	99	142	26.6	99	32.8	2.7	5.2	73.3
滋賀	85	51	86	22.5	51	24.4	1.1	7.0	63.1
京都	161	96	166	21.8	96	24.8	2.8	23.5	71.3
大阪	544	293	547	22.5	293	26.9	0.5	38.2	74.1
兵庫	368	218	404	24.8	218	29.2	10.0	31.8	71.0
奈良	112	68	105	24.9	68	26.6	▲6.5	▲0.5	65.0
和歌山	86	58	81	26.9	58	29.3	▲6.4	▲8.9	65.2
鳥取	43	32	31	17.2	32	22.2	▲27.4	▲26.1	75.0
島根	61	48	55	23.9	48	30.4	▲9.2	▲11.5	76.3
岡山	142	103	149	25.7	103	32.5	5.1	10.8	76.9
広島	194	126	209	25.0	126	30.2	7.4	21.6	73.2
山口	133	97	133	28.9	97	35.4	▲0.5	2.7	75.0
徳島	57	41	49	20.1	41	24.4	▲14.5	▲15.3	70.8
香川	72	53	68	22.4	53	27.5	▲4.5	▲5.0	73.8
愛媛	129	88	124	27.7	88	32.2	▲4.0	▲2.9	68.9
高知	67	49	58	24.0	49	29.2	▲13.7	▲12.5	74.3
福岡	322	216	366	24.5	216	31.0	13.5	23.9	73.0
佐賀	64	45	58	22.7	45	28.8	▲9.8	▲9.0	71.1
長崎	140	95	135	30.5	95	36.5	▲3.8	▲3.1	68.0
熊本	141	98	151	26.8	98	32.7	6.7	7.8	70.1
大分	93	68	92	24.2	68	29.2	▲1.3	▲3.6	71.4
宮崎	88	68	84	23.6	68	27.3	▲3.8	▲17.4	66.4
鹿児島	146	106	157	29.5	106	38.5	7.1	7.8	72.6
沖縄	77	58	65	18.1	58	26.7	▲15.0	▲15.1	75.1

資料：農林水産政策研究所
注：割合はそれぞれ 65 歳以上，75 歳以上人口に占める割合である。

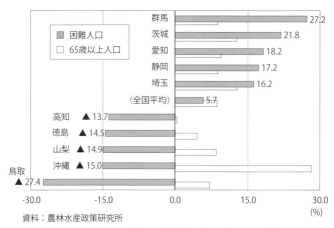

資料：農林水産政策研究所

図３　アクセス困難人口変化率（2025年/2015年）

沖縄18.1％で低くなることが予測される（**表２**）。同時に，75歳以上のアクセス困難人口の割合では，全国平均29.3％に対して鹿児島38.5％，秋田38.1％，長崎36.5％が高く，鳥取22.2％，東京24.2％で低くなると見込まれている。

　また，2015年から2025年のアクセス困難人口の変化率をみると群馬27.2％，茨城21.8％で高く，何れも20％以上の増加となっている（**図３**）。一方，同期間で変化率が低いのは鳥取でありマイナス27.4％であり，2025年にはアクセス困難人口が大きく減少することが確認された。また，変化率が上位の各県では，いずれもアクセス困難人口は65歳以上人口の増加を上回っているのに対し，下位の県では65歳以上人口の伸びに対しアクセス困難人口は大きく減少している（除く沖縄）。

　75歳以上のアクセス困難人口ではその動向はより顕著で，全国平均で19.2％増加に対し，埼玉，愛知，千葉など上位都府県では30％を超える増加となっている（**図４**）。同時に，上位都府県では75歳以上人口も高い伸びを示しており，75歳以上アクセス困難人口の増加と強く関連している。一方で，下位県では鳥取のマイナス26.1％を筆頭に，沖縄，徳島など西日本の各県で75歳以上のアクセス困難人口が減少していることが分かる。

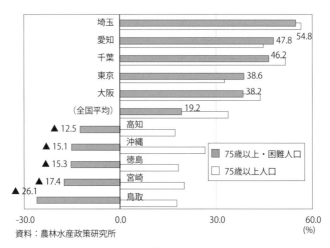

資料：農林水産政策研究所

図4　75歳以上・アクセス困難人口変化率（2025年/2015年）

5．おわりに

　2025年アクセス困難人口の予測から，我が国のアクセス困難人口が一貫し
て増加傾向にあることが確認された。一方で，増加のペースは過去10年（2015
年/2005年）よりも，今後（2025年/2015年）は鈍くなっていることが指摘で
きる。都道府県別にみれば，アクセス困難人口は関東や都市部の各都府県で
は増加しているのに対し，地方部の各県は減少に転じていることが確認され
た。同時に，アクセス困難人口のうち75歳以上の後期高齢者の占める割合が
更に高まることが予想されるなど，食料品アクセス問題の中心が後期高齢者
にシフトしていることが示された。

　最後に，2025年アクセス困難人口の予測の限界について触れておきたい。
これら2025年推計値はあくまで将来推計人口の外挿値を利用したものであり，
店舗や自動車（利用）については2015年数値を固定値としている。従って，
店舗の減少傾向が継続する場合には推計値は過小推計の可能性がある。同様
に，高齢者の自動車利用が今後更に高まる場合，特に自動車利用が一般的な

地方部では推計値は過大となる恐れがある事に留意する必要がある。

第 3 部

食料品アクセスと健康・栄養

第7章
国民健康・栄養調査からみた食料品アクセス問題
—栄養および食品摂取の代替・補完関係に着目して—

菊島 良介

1．はじめに

　我が国において食料品店の減少や大型商業施設の郊外化を背景として高齢化の進展も伴い，高齢者を中心に買い物に困難さを感じる「食料品アクセス問題」が取り沙汰されて久しい（農林水産省 2010，2012; 薬師寺 2015）。

　食料品アクセス問題は，買い物における困難を扱う点で英米のフードデザートと類似している。一方で，英米のフードデザート問題は特に低所得者層において問題となるが，我が国の食料品アクセス問題は超高齢社会の進展にあたっての高齢者特有の問題としてよく議論される点，食料品店へのアクセシビリティが問題の中心となり，都市に限らず農村部も含まれる点において少し様相が異なる（薬師寺 2015; 木立 2011）。食料品アクセス問題に関する研究では，高齢者が食料品を入手する手段が限定されることの影響について健康に限らず多様な視点で捉えられている。

　もちろん，世界保健機関（WHO）が健康格差に影響をもたらす要因の一つとして指摘するように（WHO 2010），食料品アクセス問題は健康的な食生活を送る食環境（Food Environment; Story et al. 2008）に関連する重要な論点でもある。このように，買い物の困難さと食生活との関連を調べる研究は政策を検討する上で重要さを増している（農林水産省 2010）。

　これら実態把握のため国内外で買い物の困難さと食生活との関連について研究が進んでいるが（註 1），以下のような課題が残されている。第一に，Yamaguchi et al.（2019）によれば，特定地域の住民を対象とした研究が多く，全国規模のミクロデータを用いて地域性を考慮した分析はまだ少ない点であ

る。このため，主観的な指標である買い物の困難さと具体的な食生活との関連について，全国的かつ一般的であるか科学的根拠は十分とは言えない。例えばYamaguchi et al.（2018）は，農村に居住する40歳以上の474名の住民における買い物の困難さと食品群や栄養素摂取状況との関連について調査したが，限定的な結果であった。また，吉葉ら（2015）が一人暮らし高齢者の「食物アクセス」と食品摂取の多様性との関連を初めて検討しているが，分析対象は埼玉県のある地域の在住者である。

　第二に，これまでの分析は生鮮食品の摂取（Yamaguchi et al. 2019；Bodor et al. 2008; Pearce et al. 2008）や食品摂取の多様性（吉葉ら 2015）に焦点があてられる傾向にあったことを指摘できる。食料品アクセスと定量的な栄養素や食品群摂取量との関連については必ずしも明らかにされていない。

　第三に，食料品アクセスと食生活の関連について主観的指標を用いた分析の重要性が指摘され（Caspi et al. 2012），自記式の買い物の困難さを用いた単変量解析（吉葉ら 2015）や多変量分析（Yamaguchi et al. 2019）が行われてきたが，得られた推計値がサンプルサイズをどれほど大きくしても母集団の真の値には一致しない（一致推定量とならない）可能性がある点である。そのため，これまでの研究で得られてきた結果にはバイアスがかかっている恐れがある。このことには①説明変数となる買い物の困難さといった主観的指標は独立した変数ではなく個人の属性により内生的に決まること（主観的評価による説明変数の内生性），および②目的変数となる各食品の摂取頻度には，魚介類と肉類の代替関係のように，価格や個人の嗜好により相互に影響する関係が想定されること（目的変数すなわち選択の同時決定による内生性）が関連する（本田他 2016; Greene 2012）。こうした内生性の問題によっ

（註1）国内では石川ら（2013）がレビューを行っている。近年のものとしては岩間ら（2015）大橋ら（2017）が挙げられる。海外ではCaspi et al.（2012）がレビューを行っている。2010年以降のものとしてAggarwal et al.（2014）やNakamura et al.（2017）が挙げられる。

て生じる，推計値が一致推定量とならない可能性に対して計量経済学分野では解決方法がいくつか提示されている（Greene 2012）。

　具体的には，①説明変数の内生性に対しては，内生的に決定する説明変数を目的変数，個人属性を説明変数とした推計を別途行い，その推計結果から得られる目的変数（内生的に決定する説明変数）の予測値を外生的な説明変数として用いる方法，②目的変数の同時決定による内生性に対しては，相互依存関係を明示する複数個の方程式からなるモデル（同時方程式モデル）の推計が提案されている。

　上記3つの課題を克服するため，本研究は国民健康・栄養調査の個票データを用いて，65歳以上の高齢者における買い物の困難さと栄養素や食品群摂取状況との関連について，説明変数が主観的指標であることによる内生性や目的変数の同時決定性（代替・補完関係）を考慮した分析を行う。

2．分析の枠組みとデータ

1）分析手順

　本研究ではアクセス困難者の栄養および食品摂取状況について計量経済学的手法を用いて把握した。目的変数の同時決定による内生性に対処した同時方程式モデルの一種であるSeemingly Unrelated Regressions（以下，SUR）モデルを用いて各栄養素間や各食品群間の代替・補完関係を考慮した分析を行った。SURモデルの推計により得られる係数は通常の回帰分析と同様，説明変数1単位あたりの変化が目的変数に与える影響である。本研究においては，各栄養素摂取熱量や食品群別摂取量の多寡を規定する要因（変数）の影響と解釈される。またSURの推計では，説明変数の係数と同時に誤差項間の相関係数が推計される。ここでの誤差項とは説明変数に含まれない個人の嗜好や食品の価格に起因する食品群間の代替・補完関係に相当し，相関行列の数値が正の値であれば補完関係，負の値であれば代替関係が示唆される。

　ただし，SURモデルの推計にあたり以下の二点に留意する必要がある。一

点目は前述したように，栄養摂取状況には回答しながら食料品アクセスに回答していない回答者（以下，非回答者）が存在することである。仮に，非回答者がランダムでなく何らかの傾向を持つのであれば，非回答者を分析対象から除外することはサンプルのセレクションバイアスとなる。すなわち，真のアクセス困難者の特徴が把握できない恐れがある。

　二点目は，アクセス困難者かどうかのダミー変数は，他の分析では目的変数にもなりうるように内生変数であり，そのまま説明変数として投入すると推計結果の一致性が担保されないことである。

　そこで，非回答者の特徴を考慮する意義を検討した上で，非回答者の情報を利用するためアクセス困難者である予測値を外挿して，それをアクセス困難者の変数として代わりに用いる方法を用いた。この方法を用いることで上述した2つの問題双方に対処が可能となる。具体的な手順として，まず，アクセス困難者とそうではない群（以下，困難なし）および非回答者の3群の平均値の比較（Bonferroni法による多重比較）を行った。続いて，「アクセス困難者」の場合に1をとるダミー変数を作成し，それを目的変数とするマルチレベル・ロジットモデルの推計から導かれるアクセス困難者の予測値を説明変数としてSURモデルの推計に用いた（Bilgic and Yen 2013）。この予測値はマルチレベル・ロジットモデルの推計に用いた共変量に欠損値がない限り算出されるため，アクセスに関する設問が欠損値となる非回答者にも予測値が割り振られる。算出された予測値は0から1の値をとり，内生性の問題が除去されたアクセス困難者である外生的な予測確率として解釈できる。マルチレベル・ロジットモデルの推計により得られた係数から，アクセス困難者の属性が定量的に把握される。固定効果として年齢，性別，世帯人員数，世帯構造，年収，互酬性・社会的結合性を，変量効果として調査単位区IDを共変量として用いた。

　上述した手法を用いたため，本研究でのSURモデルの推計は，マルチレベル・ロジットモデルの推計結果をSURの説明変数として利用する2段階推計となった。このため，SURモデルの推計にあたり標準誤差はブートストラッ

プ法を用いて評価した。なお，係数の一致性の観点から，1段階目（マルチレベル・ロジットモデル）と2段階目（SURモデル）の推計で用いる説明変数の構成が完全に一致することは望ましくない。そのため，異なる構成とした（本田他 2016; Bilgic and Yen 2013）。

2）データソースとレコードリンケージ

　国民健康・栄養調査は，11月のある1日（日曜・祝日を除く）について①身体状況，②栄養摂取状況，③生活習慣，それぞれの調査票に記入する方式である。分析には，生鮮食品（野菜，果物，魚，肉等）の入手のしやすさに関する項目が③生活習慣に含まれる『平成23年国民健康・栄養調査』の個票データを用いた（独立行政法人国立健康・栄養研究所 2015）。世帯属性のより詳細な把握をするため，同年の国民生活基礎調査のデータを合わせた。『平成23年国民健康・栄養調査』の県，地区，単位区，世帯番号をもとに世帯別に国民健康・栄養調査と国民生活基礎調査のレコードリンケージを行った（西他 2012; Fukuda and Hiyoshi 2012）（註2）。

3）分析対象者

　『平成23年国民健康・栄養調査』は『平成23年国民生活基礎調査』により抽出された全国300単位区内の世帯（約6,000世帯）及び世帯員（満1歳以上の者，約18,000人）が対象者である。調査票は①身体状況，②栄養摂取状況，③生活習慣の3部門より構成されるが，回答者は項目に全て回答しているわけではないことに留意が必要である。分析に必要な全ての説明変数に欠損値のない20歳以上の回答者は5,801名（うち65歳以上女性1,051名）であった。

（註2）本研究が統計法に基づいた個票データの二次利用であることから，人を対象とする倫理指針の対象とならず，倫理審査は受けなかった。調査情報の二次利用申請を行い，承認を得て利用した。なお，国民健康・栄養調査では東日本大震災の影響で，岩手県，宮城県，および福島県の全域が対象から除かれていること，身体的・精神的な健康状態を十分に把握できていないことを本研究の限界として指摘できる。

このうち，食料品アクセスが把握可能な回答者は3,495名（うち65歳以上女性836名）であった。栄養摂取状況は把握可能だが食料品アクセスの項目に回答していない回答者は2,306名（うち65歳以上女性215名）となった。国民健康・栄養調査から把握できる「アクセス困難者」（後述）の半数が65歳以上女性であること，および先行研究では年齢層別や性別に分析が実施されていることを踏まえて，本研究では65歳以上女性1,051名を分析対象者とした。

4）分析に用いる指標，変数

(1) アクセス困難者の定義

　『平成23年国民健康・栄養調査』に設けられた「この1年間に生鮮食品の入手を控えたり，入手できなかった」理由を複数回答で問う設問の回答パターンからアクセス困難者を定義した。なお，この設問は「あなたはふだん，生鮮食品（野菜，果物，魚，肉等）の入手（買い物等）を行っていますか」の質問に対して「はい」と回答した者を対象としている。すなわち入れ子の構造になっている。詳細については分析手順に示しているが，このことから生じるセレクションバイアスにも考慮した分析を実施した。

　選択肢は6つ設けられており「1．価格が高い」「2．買い物をするお店までの距離が遠い（以下，店まで遠い）」「3．買い物をするまでの交通の便が悪い（以下，交通の便が悪い）」「4．買い物ができる時間にお店が開いていない（以下，時間があわない）」「5．生鮮食品を買っても調理できない（以下，調理できない）」「6．上記の理由で入手を控えたり，入手ができなかったことはない（以下，あてはまらない）」である。本研究では経済的事由を除くため「1．価格が高い」には回答せず，食料品アクセスに関連する選択肢「2．店まで遠い」「3．交通の便が悪い」のうち少なくとも1つを選択した回答者を「アクセス困難者」と定義した。食事摂取量は，蛋白質，脂質，炭水化物のエネルギー産生栄養素の摂取熱量（kcal）と食品群別の摂取量（g/1000kcal）を用いた。

(2) 属性の変数

　国民健康・栄養調査の調査項目と先行研究（薬師寺 2015: Nishi et al. 2017）で用いられている変数を照らし合わせ，先行研究と同じもしくはそれに準ずる項目として年齢・性別，世帯構成，経済状況，互酬性・社会的結合性，地域に関する属性を選択した。なお，後述する分析手法上の都合によりいくつか同じような役割を果たす変数を選択した。

　以下，全部まとめて国民健康・栄養調査より用いた。国民健康・栄養調査より家計支出（調査月の 5 月：単位万円），そして有業人員率を用いた。家計支出は世帯人員数の平方根で除して等価支出額とした。有業人員率とは世帯における有業者（仕事がある者）の割合であり，共働きなど世帯員の忙しさの指標とした。この他，自家消費の影響を考慮するため，国民健康・栄養調査より回答者の職業が農林漁業者である場合に 1 をとる二値変数（以下，ダミー変数）を作成した。

　先行研究において吉葉ら（2015）はソーシャルサポートと食品摂取の多様性，櫻井ら（2018）はソーシャル・キャピタルと青果物の摂取の関係をそれぞれ検討している。そこで，国民健康・栄養調査に設けられた 4 つの設問を用いた。地域や人々に関して「お互いに助け合っている」「信頼できる」「お互いにあいさつをしている」「問題が生じた場合，人々は力を合わせて解決しようとする」のそれぞれの設問に対して「強くそう思う」もしくは「そう思う」と回答した者の割合を単位区ごとに算出し，互酬性・社会的結合性の指標として用いた。

　この他地域性を考慮するため，居住する地方自治体の人口規模区分（12大都市・23特別区，人口15万人以上の市，人口 5 -15万の市，人口 5 万人未満の市，町村）と都道府県ダミー変数（各都道府県のダミー）を用いた。なお，人口規模区分は町村を基準とした。都道府県のダミー変数は，便宜的に北海道を基準とした。都道府県ダミーについては推計結果の記載を割愛し，北海道以外46のダミー変数を説明変数として投入していることを「Yes」の表記で示した。

3．分析結果

1）アクセス困難者の位置づけ

　まず，分析対象者である国民健康・栄養調査の食料品アクセスに関する設問の回答者3,495名について概観する。**表1**に選択肢ごとの年齢階層別回答者数とその全回答者数に対する割合を記した。65歳未満では「1．価格が高い」が生鮮食品の入手を控えたり，入手できなかった理由として多く，経済的事由の影響が強いことが窺える。一方，65歳以上の回答者は「2．店まで遠い」「3．交通の便が悪い」といった地理的なアクセスを理由とする割合が高い。先に定義したアクセス困難者に該当する割合は全体では4.1％であるが，それ以外の95.9％は困難なしの割合となる。年齢階層別にみるとアクセス困難者の割合は65歳未満が2.1％，65歳以上が7.5％であった。

2）アクセス困難者の栄養および食品摂取

（1）エネルギー産生栄養素および食品群別摂取量の多重比較

　表1に示した65歳以上女性1,051名を，アクセス困難者68名と困難なし768名，非回答者215名に分類し3群の多重比較を行った。Bonferroni法による検定結果を**表2**に示した。

　まず，アクセス困難者と困難なしのグループの差について，アクセス困難者は穀類が有意に多く油脂類の摂取熱量が有意に少なかった。困難なしと非回答者ではエネルギー産生栄養素全てにおいて有意差が認められた。アクセス困難者と非回答者の間も炭水化物と蛋白質について有意差が見られた。しかしながら，**表2**の栄養及び食品摂取の数値は単純な平均値であるため，その差をみることは，たとえ有意であったとしても栄養素間や食品群間の代替・補完関係を含んだ見かけ上の関係である可能性を否定できない。そのため，SURモデルの推計を行いより厳密な議論を行った。

表 1　食料品アクセスに関する設問の回答

	全体		65 歳未満		65 歳以上		うち女性	
	n	%	n	%	n	%	n	%
①アクセスの設問回答者	3,495	100.0	2,244	100.0	1,251	100.0	836	100.0
1．価格が高い	1,071	30.6	874	38.9	197	15.7	129	15.4
2．店まで遠い	226	6.5	126	5.6	100	8.0	71	8.5
3．交通の便が悪い	96	2.7	41	1.8	55	4.4	44	5.3
4．時間があわない	113	3.2	93	4.1	20	1.6	11	1.3
5．調理できない	125	3.6	96	4.3	29	2.3	9	1.1
6．あてはまらない	2,186	62.5	1250	55.7	936	74.8	630	75.4
回答者の分類								
アクセス困難者 a	142	4.1	48	2.1	94	7.5	68	8.1
困難なし b	3,353	95.9	2,196	97.9	1,157	92.5	768	91.9
②アクセスの設問非回答者 c	2,306		1,660		646		215	
①+②								
栄養摂取状況を把握可能な回答者	5,801		3,904		1,897		1,051	

資料：厚生労働省。国民健康・栄養調査
註：複数回答可の設問であるため，表中の％はそれぞれの選択肢の回答率を表す。

表 2　多重比較（65 歳以上女性：n=1,051）

	アクセス困難者 a	困難なし b	非回答者 c	a-b	b-c	c-a
栄養素（単位：kcal）						
総エネルギー摂取量	1,691	1,656	1,469		**	**
蛋白質	252	257	215		**	**
脂質	374	408	336		**	
炭水化物	1,043	972	895		**	**
食品群（単位：g/1,000kcal）						
穀類	257.3	228.3	260.1	*	**	
いも類	42.4	34.1	35.9			
砂糖・甘味料類	4.9	4.6	5.0			
豆類	34.6	36.9	38.6			
種実類	1.4	1.5	1.6			
野菜類	202.8	183.9	162.5		*	*
果実類	81.4	105.6	80.1		**	
きのこ類	8.4	10.3	9.7			
藻類	6.4	9.3	6.2			
魚介類	48.8	51.2	47.5			
肉類	26.1	29.5	30.3			
卵類	16.4	19.4	18.3			
乳類	66.8	73.1	51.8		**	
油脂類	3.4	4.7	4.0	*		
菓子類	11.8	13.4	15.0			
嗜好飲料類	335.0	402.6	344.9		**	
調味料類	38.1	49.8	45.8			
サンプルサイズ	68	768	215			

註：**，* はそれぞれ 1 %，5 %有意水準で差があることを表す。

(2) マルチレベル・ロジットモデル推計

　SURモデルの推計に先立ち，前述した通りアクセス困難者ダミーを目的変数としたマルチレベル・ロジットモデルの推計を行う。これにより外生的なアクセス困難者の推計に用いた変数の記述統計を**表3**，推計結果を**表4**に示した。各係数はアクセス困難者というグループに属する確率に寄与する程度

表3　記述統計（マルチレベル・ロジットモデル）

	平均値	（標準偏差）
回答者の属性		
女性	0.73	(0.44)
年齢 65 歳以上	0.36	(0.48)
等価支出（中心化）	0.35	(17.03)
農林漁業者	0.03	(0.17)
世帯年収（基準：200-600 万円）		
200 万円未満	0.20	(0.40)
600 万円以上	0.23	(0.42)
世帯構成（基準：夫婦のみの世帯）		
単独世帯	0.15	(0.36)
夫婦と未婚の子のみの世帯	0.32	(0.47)
ひとり親と未婚の子のみの世帯	0.06	(0.24)
三世代世帯	0.12	(0.32)
その他世帯	0.09	(0.29)
互酬性・社会的結合性（中心化）	0.05	(0.17)
サンプルサイズ	3,495	

表4　推計結果（マルチレベル・ロジットモデル）

目的変数：アクセス困難ダミー	係数	（標準誤差）	
説明変数			
固定効果：			
女性	0.34	(0.22)	
年齢 65 歳以上	1.12	(0.22)	**
等価支出（中心化）	3.42×10^{-3}	(4.28×10^{-3})	
農林漁業者	0.72	(0.40)	
世帯年収（基準：200-600 万円）			
200 万円未満	0.94	(0.23)	**
600 万円以上	0.40	(0.27)	
世帯構成（基準：夫婦のみの世帯）			
単独世帯	0.02	(0.28)	
夫婦と未婚の子のみの世帯	-0.28	(0.29)	
ひとり親と未婚の子のみの世帯	-1.74	(0.75)	*
三世代世帯	-0.13	(0.34)	
その他世帯	-0.02	(0.33)	
互酬性・社会的結合性（中心化）	1.14	(0.77)	
定数項	-4.79	(0.34)	**
ランダム効果：調査単位区 ID			
var（定数項）	1.11	(0.36)	**
サンプルサイズ	3,495		
Loglikilihood	-524.51		

註：**，*はそれぞれ1％，5％有意水準で差があることを表す。

を示すが，65歳以上ダミー，世帯年収200万円未満ダミー，ひとり親と未婚
の子のみの世帯ダミー変数が有意な値を示した。なお，この係数は夫婦のみ
の世帯と，ひとり親と未婚の子のみの世帯の差を表す。また，年収600万円
以上ダミーの係数が有意な負の値を示さなかった。

(3) SURモデル推計

　続いてSURモデルの推計を行う。推計に用いた変数の記述統計を**表5**，エ
ネルギー産生栄養素の摂取熱量（kcal）を目的変数とした推計結果を**表6**に
示した。同時に推計された誤差項間の相関行列を**表7**に示した。また，17の
食品群別摂取量（g/1,000kcal）を目的変数とした推計結果を**表8**に示した。
同時に推計された誤差項間の相関行列を**表9**に示した。表中の係数は各栄養
素摂取熱量や食品群別摂取量の多寡を規定する要因（変数）の影響の程度（**表
6・8**），相関行列の数値（**表7・9**）は，SURの推計の誤差項に含まれる
個人の嗜好や価格が各栄養素間や食品群間で相関する程度を示している。相
関行列の数値が正の値であれば補完関係，負の値であれば代替関係が示唆さ
れる。なお，**表6・8**における都道府県の欄の「Yes」という表記は都道府
県ダミーを説明変数として投入したことを表している。

　まず，マルチレベル・ロジットモデルの推計結果から得られた予測値を外

表5　記述統計（SUR モデル）

	平均値	（標準偏差）
回答者の属性		
総エネルギー摂取量	1,620.29	(430.07)
アクセス困難（予測値）	0.07	(0.08)
年齢	75.06	(7.11)
等価支出（対数）	2.51	(0.57)
有業人員率	0.60	(2.98)
世帯人員数	2.61	(1.47)
農林漁業者	0.04	(0.19)
人口規模（基準：町村）		
12 大都市・23 特別区	0.14	(0.35)
人口 15 万人以上の市	0.36	(0.48)
人口 5-15 万の市	0.22	(0.42)
人口 5 万人未満の市	0.15	(0.35)
互酬性・社会的結合性	0.16	(0.16)
サンプルサイズ	1,051	

表6　栄養素摂取熱量の推計結果（SUR モデル）

	蛋白質			脂質			炭水化物		
	係数	（標準誤差）		係数	（標準誤差）		係数	（標準誤差）	
アクセス困難（予測値）	-22.32	(24.04)		-196.80	(52.38)	**	227.13	(63.24)	**
総エネルギー摂取量	0.15	(0.00)	**	0.31	(0.01)	**	0.54	(0.01)	**
年齢	-0.92	(0.22)	**	-1.40	(0.48)	**	2.38	(0.57)	**
等価支出（対数）	1.94	(2.83)		6.05	(6.17)		-7.45	(7.45)	
有業人員率	-1.14	(0.50)	*	0.41	(1.09)		0.97	(1.32)	
世帯人員数	-0.51	(1.12)		4.87	(2.44)	*	-6.81	(2.95)	*
農林漁業者	-7.68	(9.35)		-48.71	(20.38)	*	56.52	(24.60)	*
人口規模（基準：町村）									
12 大都市・23 特別区	5.13	(7.10)		9.66	(15.46)		-15.11	(18.67)	
人口 15 万人以上の市	3.53	(6.01)		8.66	(13.11)		-6.45	(15.82)	
人口 5-15 万の市	2.63	(6.43)		-2.15	(14.00)		-4.72	(16.91)	
人口 5 万人未満の市	2.05	(6.79)		5.45	(14.80)		-2.25	(17.87)	
定数項	80.10	(21.48)	**	-26.58	(46.80)		-47.35	(56.51)	
都道府県ダミー	Yes			Yes			Yes		
決定係数	0.67			0.64			0.78		
サンプルサイズ				1,051					

註：**, *はそれぞれ 1 %，5 ％有意水準で差があることを表す。都道府県ダミー「Yes」は都道府県ダミーを投入していることを表す。

表7　栄養素摂取熱量の相関行列
（SUR モデル）

	蛋白質	脂質	炭水化物
蛋白質	1		
脂質	0.14	1	
炭水化物	-0.47	-0.88	1
サンプルサイズ		1,051	

挿したアクセス困難者の係数に着目する。エネルギー産生栄養素の摂取熱量（kcal）の推計（**表6**）では，炭水化物摂取熱量に対して有意な正値を示し，脂質の摂取熱量では有意な負値を示した。同時に推計された誤差項間の相関係数を確認すると（**表7**），炭水化物摂取熱量と脂質摂取熱量の相関係数が-0.88と強い負の相関がみられた。

食品群別摂取量（g/1,000kcal）の推計（**表8**）では，穀類に対してアクセス困難者の係数は有意な正値，油脂類に対して有意な負値を示した。この他，共変量として用いた説明変数の係数を確認すると，穀類の摂取量に関して人口規模の変数が野菜類の摂取量に関して互酬性・社会的結合性指標がそれぞれ有意に正値を示した。同時に推計された誤差項間の相関係数を確認すると（**表9**），穀類と油脂類の相関係数が-0.15と負の相関を示していた。肉類と魚介類の相関係数は-0.30と負の相関関係にあった。

4．考察

　本研究では，食料品アクセス問題に関する項目が唯一調査票に含まれている国民健康・栄養調査の個票データを用いて，食料品アクセス問題と栄養及び食品摂取の関連をみることを目的とし分析を行った。その際，国民健康・栄養調査とのレコードリンケージを行い，世帯属性の豊富化も試みた。

　まず，Bonferroni法による多重比較の結果，非回答者を除外した場合には分析結果にバイアスが生じる可能性が想定されるとともに，アクセス困難者である予測値を外挿することの妥当性が確認できた。

　次に，多重比較で確認された事項について厳密に議論するため，各栄養素間や各食品群間の代替・補完関係を考慮したSURモデルによる推計を行った。

　分析に先立って行われたマルチレベル・ロジットモデルの推計結果から，アクセス困難者の特徴として65歳以上，低収入であることが挙げられた。また，年収600万円以上ダミーの係数が有意な負の値を示さなかったことから，高収入であってもアクセス困難と感じている人が一定程度存在することも読み取れる。世帯構造の特徴として，夫婦のみの世帯に比べてひとり親と未婚の子のみの世帯はアクセス困難者が少ない傾向がみられた。ここでのひとり親と未婚の子のみの世帯は必ずしも母子家庭や父子家庭を意味しない。高齢の親と独身の子息も該当することから，未婚の子による買い物のサポートが影響している可能性もある。このことは，夫婦と未婚の子のみの世帯も係数の符号は有意ではないがひとり親と未婚の子のみの世帯と同じで負であることからも示唆される。

　SURモデルの推計からエネルギー産生栄養素の摂取熱量（kcal）について，アクセス困難者は炭水化物が高く脂質が低いことが示された。食品群別摂取量（g/1,000kcal）をみても穀類が高く，油脂類が低いことが明らかになった。このことから，誤差項である価格や個人的な嗜好の影響を考慮しても，穀類の摂取量が多い人は油脂類の摂取量が少ない傾向にあり，このことがエネル

表 8　17 食品群摂取量の推計結果 (SUR モデル)

	穀類 係数	(標準誤差)	いも類 係数	(標準誤差)	砂糖・甘味料類 係数	(標準誤差)	豆類 係数	(標準誤差)	種実類 係数	(標準誤差)	野菜類 係数	(標準誤差)
アクセス困難 (予測値)	77.33	(37.01) *	13.52	(19.43)	-1.07	(2.61)	-13.23	(20.55)	1.83	(2.3)	90.33	(47.19)
年齢	1.85	(0.33) **	0.25	(0.17)	0.05	(0.02) *	0.01	(0.18)	-0.03	(0.02)	-0.93	(0.42) *
等価支出 (対数)	-18.64	(4.33) **	-1.33	(2.27)	0.45	(0.31)	1.93	(2.41)	-0.06	(0.27)	4.21	(5.52)
有業人員率	-0.11	(0.77)	0.15	(0.41)	0.03	(0.05)	-0.58	(0.43)	0.02	(0.05)	-2.55	(0.99) *
世帯人員数	6.38	(1.71) **	-0.10	(0.9)	-0.05	(0.12)	-0.06	(0.95)	-0.28	(0.11) **	0.78	(2.17)
農林漁業者	8.47	(14.32)	19.46	(7.51) *	-0.45	(1.01)	-1.47	(7.95)	0.35	(0.89)	34.10	(18.25)
人口規模 (基準：町村)												
12 大都市・23 特別区	-32.44	(11.17) **	-0.34	(5.86)	-0.44	(0.79)	2.28	(6.2)	-0.99	(0.69)	32.28	(14.24) *
人口 15 万人以上の市	-22.82	(9.49) *	3.10	(4.98)	0.31	(0.67)	-2.08	(5.27)	-0.69	(0.59)	29.71	(12.09) *
人口 5-15 万の市	-24.79	(10.2) *	5.96	(5.35)	0.04	(0.72)	0.01	(5.66)	-0.56	(0.63)	25.66	(13)
人口 5 万人未満の市	-32.41	(10.49) **	7.64	(5.51)	0.77	(0.74)	2.79	(5.83)	-1.10	(0.65)	22.39	(13.38)
互酬性・社会的結合性	-18.81	(18.22)	6.64	(9.57)	1.11	(1.29)	-4.25	(10.12)	0.17	(1.13)	57.54	(23.24) *
定数項	147.19	(32.47) **	8.62	(17.04)	-1.31	(2.29)	30.90	(18.03)	4.36	(2.02) *	173.60	(41.4) **
都道府県ダミー	Yes		Yes		Yes		Yes		Yes		Yes	
決定係数	0.14		0.06		0.05		0.06		0.06		0.12	
サンプルサイズ	1,051											

	果実類 係数	(標準誤差)	きのこ類 係数	(標準誤差)	藻類 係数	(標準誤差)	魚介類 係数	(標準誤差)	肉類 係数	(標準誤差)	卵類 係数	(標準誤差)
アクセス困難 (予測値)	-12.01	(42.96)	2.56	(8.3)	5.12	(8.39)	2.48	(18.67)	-18.59	(13.76)	4.99	(9.59)
年齢	-0.42	(0.38)	-0.08	(0.07)	0.02	(0.07)	-0.16	(0.17)	-0.30	(0.12) *	0.06	(0.09)
等価支出 (対数)	15.79	(5.03) **	0.14	(0.97)	-0.37	(0.98)	-0.05	(2.19)	1.68	(1.61)	0.30	(1.12)
有業人員率	0.80	(0.9)	0.07	(0.17)	-0.12	(0.18)	-0.60	(0.39)	0.06	(0.29)	0.34	(0.2) †
世帯人員数	-9.50	(1.98) **	0.25	(0.38)	-0.93	(0.39) *	1.01	(0.86)	1.65	(0.63) **	-0.17	(0.44)
農林漁業者	-10.09	(16.61)	-1.17	(3.21)	-2.29	(3.25)	5.30	(7.22)	-2.83	(5.32)	-1.06	(3.71)
人口規模 (基準：町村)												
12 大都市・23 特別区	13.67	(12.97)	-0.73	(2.5)	-1.13	(2.53)	9.06	(5.64)	1.03	(4.15)	-3.36	(2.89)
人口 15 万人以上の市	9.33	(11.01)	-1.67	(2.13)	1.97	(2.15)	4.79	(4.78)	2.01	(3.53)	-2.94	(2.46)
人口 5-15 万の市	10.81	(11.84)	2.29	(2.29)	-0.72	(2.31)	8.36	(5.14)	2.69	(3.79)	-1.59	(2.64)
人口 5 万人未満の市	7.07	(12.18)	1.59	(2.35)	-1.35	(2.38)	7.65	(5.29)	5.21	(3.9)	-0.56	(2.72)
互酬性・社会的結合性	8.74	(21.15)	3.00	(4.08)	4.55	(4.13)	-6.75	(9.19)	11.59	(6.77)	-1.80	(4.72)
定数項	131.28	(37.68) **	11.73	(7.28) *	5.69	(7.36)	71.55	(16.38) **	27.00	(12.07) *	20.54	(8.41) *
都道府県ダミー	Yes		Yes		Yes		Yes		Yes		Yes	
決定係数	0.08		0.06		0.06		0.07		0.06		0.04	
サンプルサイズ	1,051											

	乳類		油脂類		菓子類		嗜好飲料類		調味料類	
	係数	(標準誤差)	係数	(標準誤差)	係数	(標準誤差)	係数	(標準誤差)	係数	(標準誤差)
アクセス困難（予測値）	19.77	(37.88)	-6.81	(2.12) **	-8.86	(10.95)	-146.56	(132.46)	-14.32	(22.81)
年齢	-0.99	(0.34) **	-0.04	(0.02)	0.11	(0.1)	-3.29	(1.18) **	-0.05	(0.2)
等価支出（対数）	5.91	(4.43)	0.08	(0.25)	1.45	(1.28)	3.07	(15.5)	-0.26	(2.67)
有業人員率	-0.11	(0.79)	0.01	(0.04)	-0.01	(0.23)	1.99	(2.77)	-0.28	(0.48)
農林漁業者	-7.15	(1.75) *	-0.10	(0.1)	-1.24	(0.5)	-17.53	(6.1)	-0.60	(1.05)
世帯人員数	-36.23	(14.65) **	-0.10	(0.82)	1.05	(4.23) *	-25.28	(51.23) **	0.53	(8.82)
人口規模（基準：町村）										
12大都市・23特別区	11.88	(11.43)	-0.12	(0.64)	9.35	(3.3) **	109.01	(39.98) **	-7.48	(6.89)
人口15万人以上の市	12.48	(9.71)	-0.35	(0.54)	2.44	(2.81)	15.38	(33.94)	-2.02	(5.85)
人口5-15万の市	1.75	(10.44)	-1.08	(0.58)	4.51	(3.02)	62.24	(36.5)	-6.66	(6.29)
人口5万人未満の市	-5.03	(10.74)	-0.79	(0.6)	0.32	(3.1)	32.85	(37.55)	2.12	(6.47)
互酬性・社会的結合性	22.51	(18.65)	0.09	(1.04)	-3.29	(5.39)	-33.00	(65.22)	-11.91	(11.23)
定数項	139.42	(33.23) **	7.47	(1.86) **	9.96	(9.6)	545.44	(116.19) **	70.19	(20.01) **
都道府県ダミー	Yes		Yes		Yes		Yes		Yes	
決定係数	0.08		0.08		0.08		0.10		0.06	
サンプルサイズ					1,051					

註：**, * はそれぞれ 1%, 5% 有意水準で差があることを表す。
都道府県ダミー「Yes」は都道府県ダミーを投入していることを表す。

表9　17食品群摂取量の相関行列（SUR モデル）

	穀類	いも類	砂糖・甘味料類	豆類	種実類	野菜類	果実類	きのこ類	藻類	魚介類	肉類	卵類	乳類	油脂類	菓子類	嗜好飲料類	調味料類
穀類	1																
いも類	-0.17	1															
砂糖・甘味料類	-0.10	0.04	1														
豆類	-0.08	0.00	-0.01	1													
種実類	-0.05	-0.03	0.03	-0.05	1												
野菜類	-0.13	0.09	-0.04	0.09	-0.04	1											
果実類	-0.28	-0.02	-0.05	-0.03	0.00	-0.02	1										
きのこ類	-0.05	0.01	-0.01	0.08	0.00	0.13	0.01	1									
藻類	-0.04	0.00	0.02	0.03	0.06	0.08	0.13	0.01	1								
魚介類	-0.14	-0.06	0.03	0.01	-0.02	0.02	-0.04	0.04	0.07	1							
肉類	-0.12	0.03	-0.06	-0.06	-0.02	0.05	-0.10	0.11	-0.09	-0.30	1						
卵類	-0.05	-0.04	-0.04	0.03	-0.05	0.00	-0.03	-0.04	-0.03	0.01	-0.05	1					
乳類	-0.33	0.00	-0.06	-0.08	-0.03	-0.01	0.15	0.01	0.03	-0.06	-0.06	-0.05	1				
油脂類	-0.15	-0.02	0.06	-0.12	0.00	-0.09	-0.06	-0.08	-0.03	-0.09	0.12	-0.02	-0.07	1			
菓子類	-0.25	-0.03	0.01	0.00	-0.01	-0.01	-0.06	0.03	-0.04	-0.06	-0.06	-0.09	0.01	-0.06	1		
嗜好飲料類	-0.03	0.00	0.05	-0.05	0.01	0.01	0.03	-0.01	0.00	0.04	-0.09	-0.06	-0.01	-0.03	0.00	1	
調味料類	0.07	0.02	0.02	0.07	-0.04	0.08	-0.07	0.19	0.04	0.00	-0.01	0.08	-0.06	-0.02	-0.07	-0.04	1
サンプルサイズ								1,051									

ギー産生栄養素での炭水化物と脂質の摂取熱量の誤差項の負の相関として現れていると示唆された。死亡リスクの観点からは炭水化物の適切な摂取が望まれているが（Dehghan et al. 2017; Seidelmann et al. 2018），アクセス困難者の炭水化物エネルギー比率は61.5％エネルギー（**表2**より算出）であり，日本人の食事摂取基準（2015年版）で定められる上限（65％エネルギー）を下回っている。すなわち，今回の分析対象者の平均値としては基準内である。ただ，あくまで平均値としての議論であるので，そうしたリスクが高いアクセス困難者も存在する可能性は否めない。この他，誤差項間の相関行列の値の正負から判断される代替・補完関係も踏まえて，SURモデルの推計結果で特徴的なものを取り取り上げると，次の点を指摘できる。

　穀類に関して，等価支出や居住地区の人口規模ダミーの係数が有意に負値，世帯人員数が正値を示したことから，穀類は所得が増加するほど需要が増加する贅沢財ではなく必需財的な性質を備えていること，世帯人員数が多いほど消費量が多いこと，町村に比べて都市部では需要が少ない点が確認できた。穀類と油脂類の誤差項の相関係数が-0.15と負の相関を示しており，代替関係にあることが示唆される。

　野菜類の摂取量に関して，都市部であるほど摂取量が多くなるが，町村であっても互酬性・社会的結合性が強い状況では，おすそ分けや日常的なコミュニケーションにより個人の青果物消費が促進されることが推察できた。

　果実類に関しては穀類とは逆に等価支出が有意に正値，世帯人員数は負値を示しており，奢侈財的な性質を備えていることが示唆された。

　肉類に関しては年齢が有意に負値，世帯人員数が正値を示した。このことは65歳を基準として高齢なほど肉類の摂取量が減少することを意味する。65歳以上であっても世帯人員数が多い場合は肉類の摂取量が多いことが推察される。肉類と魚介類の誤差項間の相関係数は-0.30と負の相関関係にあり，代替関係にあることが示唆された。

　得られた帰結としては先行研究と整合的なものであったが，本研究の強みとして，計量経済学的手法を適用したより頑健な多変量分析の結果であるこ

とを指摘できる。先行研究と比較して，本研究の分析上の特徴は大きく以下
の点である。①これまでの先行研究が特定地域の住民を対象とした調査デー
タによる分析であるのに対して，本研究では全国規模の調査データを利用す
ることで，地域差を考慮した我が国の食料品アクセスと社会的属性や食生活
との関連を示した点，②食生活の変数に，エネルギー産生栄養素摂取熱量や
食品群別摂取量を用いて定量的な評価を実施した点，③先行研究の分析手法
上の課題であった主観的指標の内生性や目的変数間の代替・補完関係を考慮
した分析を行った点である。分析手法上の特徴は具体的には以下のとおりで
ある。

　第一に，1段階目のマルチレベル・ロジットモデルの推計結果を用いて予
測値を算出することで2段階目のSURモデルの推計における主観的評価に
よる説明変数の内生性についての問題を克服すると同時に，データを有効に
活用することが可能となりBonferroni法による多重比較で浮き彫りとなった
セレクションバイアスの問題が緩和された。

　第二に，SURモデルを用いてアクセス困難者であることが各栄養素や食品
群の摂取量の多寡を規定する要因を検証したが，この手法は各食品群につい
て別個に推計するのではなく，食品群間の代替・補完関係を考慮して同時に
推計する。このことで先行研究では考慮されなかった選択の同時性による内
生性の問題を克服した。

　今後，食料品アクセスが栄養摂取に与える影響のメカニズムを食品選択モ
デルと照らし合わせて厳密に吟味し，モデルを構築していくことも重要とな
ってくるであろう。

5．まとめ

　栄養摂取状況に関してアクセス困難者が炭水化物摂取に偏る局面もみられ
た。この結果は，栄養素間および食品群間の代替関係を考慮した上での結果
であることから，単純に価格や嗜好の問題ではなく食環境の要因として，す

なわち食料品へのアクセスの制約によりアクセス困難者は炭水化物摂取へ偏った食生活を送っている可能性が高いと推察される。個人が直面する経済的状況の影響を考慮しても食環境は食生活を規定しており，フードチェーンを構成する各主体間や行政との連携・協力による買い物サービスの利用促進に向けた環境整備の必要性が示唆された。

[付記]

本章は，菊島・高橋（2020）を再構成し，加筆・修正したものである。

引用文献

Aggarwal A, Cook AJ, Jiao J et al.（2014）Access to supermarkets and fruit and vegetable consumption *American Journal of Public Health* 104: 917-923. https://doi.org/10.2105/AJPH.2013.301763

Bilgic A, Yen ST.（2013）Household food demand in Turkey: A two-step demand system approach *Food Policy* 43: 267-277. https://doi.org/10.1093/erae/jbm011

Bodor JN, Rose D, Farley TA et al.（2008）Neighbourhood fruit and vegetable availability and consumption: the role of small food stores in an urban environment *Public Health Nutrition* 11: 413-420. https://doi.org/10.1017/S1368980007000493

Caspi CE, Sorensen G, Subramanian SV et al.（2012）The local food environment and diet: a systematic review *Health Place* 18: 1172-87.

Dehghan M, Mente A, Zhang X et al.（2017）Associations of fats and carbohydrate intake with cardiovascular disease and mortality in 18 countries from five continents（PURE）: a prospective cohort study *Lancet* 390: 2050-62. https://doi.org/10.1136/bmj.m688

Fukuda Y, Hiyoshi A.（2012）High quality nutrient intake is associated with higher household expenditures by Japanese adults *BioScience Trends* 6: 176-182. https://doi.org/10.5582/bst.2012.v6.4.176

Greene WH（2012）*Econometric Analysis 7th ed* Prentice Hall.

本田亜利紗・中嶋晋作・大浦裕二他（2016）「日本国内におけるサラダと生鮮野菜の代替・補完関係：「家計調査」個票による需要体系分析からの接近」『農業経営研究』54：15-27。https://doi.org/10.11300/fmsj.54.3_15

石川みどり・横山徹爾・村山伸子（2013）「地理的要因における食物入手可能性と

食物摂取状況との関連についての系統的レビュー」『栄養学雑誌』71：290-297。
https://doi.org/10.5264/eiyogakuzashi.71.290

岩間信之・浅川達人・田中耕市他（2015）「高齢者の健康的な食生活維持に対する阻害要因の分析：GISおよびマルチレベル分析を用いたフードデザート問題の検討」『フードシステム研究』22：55-69。https://doi.org/10.5874/jfsr.22.55

木立真直（2011）「フードデザートとは何か—社会インフラとしての食の供給」『生活協同組合研究』431：5-12。

菊島良介・高橋克也（2020）「国民健康・栄養調査からみた食料品アクセスと栄養および食品摂取：代替・補完関係に着目して」『日本公衆衛生雑誌』67（4）：261-271。https://doi.org/10.11236/jph.67.4_261

独立行政法人国立健康・栄養研究所（2015）『国民健康・栄養の現状：平成23年厚生労働省国民健康・栄養調査報告より』第一出版。

Nakamura H, Nakamura M, Okada E et al.（2017）Association of food access and neighbor relationships with diet and underweight among community-dwelling older Japanese *Journal of Epidemiology* 27: 546-551.
https://doi.org/10.1016/j.je.2016.12.016

西信雄・中出麻紀子・猿倉薫子他（2012）「国民健康・栄養調査の協力率とその関連要因」『健康の指標』：10-15。

Nishi N, Horikawa C, Murayama N（2017）Characteristics of food group intake by household income in the National Health and Nutrition Survey, Japan. *Asia Pacific Journal of Clinical Nutrition* 26: 156-159. DOI: 10.6133/apjcn.102015.15

農林水産省（2010）『食料・農業・農村基本計画』。

農林水産省（2012）『平成23年食料・農業・農村白書』。

大橋めぐみ・高橋克也・菊島良介他（2017）「高齢女性の食料品アクセスが食生活と健康におよぼす影響の分析：地方都市中心市街地における食品スーパー開店後の住民調査より」『フードシステム研究』24：61-71。
https://doi.org/10.1016/j.healthplace.2012.05.006

Pearce J, Hiscock R, Blakely T et al.（2008）The contextual effects of neighbourhood access to supermarkets and convenience stores on individual fruit and vegetable consumption *Journal of Epidemiology and Community Health* 62: 198-201. http://dx.doi.org/10.1136/jech.2006.059196

櫻井清一・大浦裕二・玉木志穂他（2018）「ソーシャル・キャピタルが青果物消費に与える影響：食行動記録を用いた分析」『食と緑の科学』72：29-37。
info:doi/10.20776/S18808824-72-P29

Seidelmann SB, Claggett B, Cheng S et al.（2018）Dietary carbohydrate intake and mortality: a propsective cohort study and meta-analysis *The Lancet Public Health*; e419-28. https://doi.org/10.1016/S2468-2667(18)30135-X

Story M, Kaphingst KM, Robinson-O' Brien R, et al.（2008）Creating Healthy Food and Eating Environments Policy and Environmental Approaches *Annual Review of Public Health* 29: 253-272.
https://doi.org/10.1146/annurev.publhealth.29.020907.090926

World Health Organization（2010）A Conceptual Frame-work for Action on the Social Determinants of Health *Social Determinants of Health Discussion Paper* 2. 5 https://www.who.int/sdhconference/resources/Conceptualframeworkforac tiononSDH_eng.pdf（2019年6月24日アクセス可能）

薬師寺哲郎編（2015）『超高齢社会における食料品アクセス問題：買い物難民，買い物弱者，フードデザート問題の解決に向けて』ハーベスト社。

Yamaguchi M, Takahashi K, Kikushima R et al.（2018）The Association between Self-Reported Difficulty of Food Access and Nutrient Intake among Middle-Aged and Older Residents in a Rural Area of Japan. *J Nutr Sci Vitaminol* 64: 473-482. https://doi.org/10.3177/jnsv.64.473

Yamaguchi M, Takahashi K, Hanazato M et al.（2019）Comparison of Objective and Perceived Access to Food Stores Associated with Intake Frequencies of Vegetables/Fruits and Meat/Fish among Community Dwelling Older Japanese. *Int J Environ Res Public Health* 16: 772.
https://doi.org/10.3390/ijerph16050772

吉葉かおり・武見ゆかり・石川みどり他（2015）「埼玉県在住一人暮らし高齢者の食品摂取の多様性と食物アクセスとの関連」『日本公衆衛生雑誌』62：707-718。
https://doi.org/10.11236/jph.62.12_707

第8章

食料品アクセスの評価方法と生鮮食品摂取
—野菜・果物，肉・魚の摂取頻度との関連—

山口 美輪

1．背景

　食料品アクセスの評価方法として，居住地から店舗までの距離を推測する客観的評価が一般的な方法のひとつとされているが，個人の食料品入手のしやすさを距離のみで客観的に評価するには限界があることが指摘されてきた（Caspi et al. 2012b）。先行研究では日本の高齢者において，近隣の食料品店の多さといった食料品アクセスへの主観的評価の低さは，男女ともに野菜・果物の摂取頻度の低さと関連していた（Nakamura et al. 2017）。食料品アクセスと生鮮食品の摂取との関連について，欧米でいくつか研究が行われているが（Aggarwal et al. 2014; Caspi et al. 2012a; Lucan et al. 2014），日本を含めたアジア地域ではまだ十分に研究されていない。

　食料品アクセスと食品摂取に関係する海外の先行研究では，都市・郊外（Aggarwal et al. 2014; Bodor et al. 2008; Caspi et al. 2012a; Kim et al. 2016; Lucan et al. 2014; Morland et al. 2008）または農村（Sharkey et al. 2010）のいずれかでの調査が多く，都市・郊外では多くの食料品店や小売業態が存在しているため，農村よりも新鮮な野菜・果物の入手がしやすい環境とする報告が多いが，これらの知見がそのまま日本の食環境に当てはまるかは不明である。また，先行研究では健康的な食生活の指標として野菜や果物のみに焦点があてられてきたが，筋力や身体機能を保つ上で必要な蛋白源である肉・魚と食料品アクセスとの関連については明らかにされていない。そこで本研究では，高齢者における食料品アクセスと野菜・果物，及び肉・魚の摂取頻

度との関連について調査し，食料品アクセスの評価方法である主観的評価と客観的評価を用いてその関連を比較した。また，都市・郊外と農村に分けて同様に関連を調べた。

2．対象と方法

　分析データは，日本老年学的評価研究（Japan Gerontological Evaluation Study）（註1）の2010年の横断データより，自立した65歳以上の高齢者102,869名から図1に示す除外基準のもと，地域を426学校区単位で分けて高齢者83,384名（男性38,615名，女性44,769名）を分析対象とした（図1）。

　食料品アクセスの主観的評価について，質問票で新鮮な野菜や果物が手に入る商店・施設が「たくさんある，ある程度ある」と回答した者を近隣に食料品店が「多い」とし，「あまりない，全くない」と回答した者を「少ない」とした。食料品アクセスの客観的評価については，農林水産政策研究所の2010年食料品アクセスマップから学校区を地域単位として居住地から食料品店までの平均推定距離（m）を適用した（註2）。この平均推定距離が1km未満であれば食料品店まで「近い」，1km以上であれば「遠い」とした。

　野菜・果物，肉・魚の摂取頻度については，質問票の回答から得たここ1か月の間の野菜・果物と肉・魚の摂取頻度を1日の摂取頻度で換算した（回/日）。これらより，食料品アクセス評価方法と野菜・果物，及び肉・魚の摂取頻度との関連について，主観的評価を個人レベル，客観的評価として426学校区を地域レベルに設定し，マルチレベル一般化線形混合モデルを用いて

（註1）日本老年学的評価研究（Japan Gerontological Evaluation Study: JAGES）は，健康長寿社会をめざした予防政策の科学的な基盤づくりを目的とした研究プロジェクトであり，全国の約41の市町村と共同し30万人の高齢者を対象にした調査から，全国の大学・国立研究所などの約40機関の研究者が多面的な分析を進めている（https://www.jages.net/）（2020年8月閲覧）。
（註2）平均推定距離については薬師寺（2015）を参照のこと。なお，学校区単位の平均推定距離については，該当するメッシュの面積による加重平均である。

```
┌─────────────────────────────────────────────┐
│ 日本老年学的評価研究（JAGES）2010年横断データ      │
│ 自立した65歳以上高齢者：102,869名                 │
└─────────────────────────────────────────────┘
        │
        │        ・学校区が不明な者：4,099名
        │        ・関連項目の回答者が50名以下の学校区の者：5,134名
        │        ・野菜/果物かつ肉/魚の摂取頻度が欠損の者：7,004名
        │        ・主観的評価が欠損，不明な者：3,248名
        ▼
┌─────────────────────────────────────────────┐
│ 全体：83,384名（男性38,615名，女性44,769名）        │
│ 都市・郊外：60,576名（男性28,472名，女性32,104名）   │
│ 農村：22,808名（男性10,143名，女性12,665名）        │
└─────────────────────────────────────────────┘
```

図1　分析対象者の選定方法

それぞれ分析した。

　その他の変数について，体格指数には体重（kg）を身長（cm）の二乗で割るbody mass index（BMI）（kg/m^2）を用いた。日常生活動作（Activities of Daily Living: ADL）を用いて，高齢者が日常生活を送るために最低限必要な日常的な動作を0（低い）〜5点（高い）の範囲で評価した。都市・郊外は人口密度が4,000人口/km^{2}以上と定義し，基準値未満は農村とした。共変量には，年齢（歳），性別（男，女），家族構成（ひとり暮らし，夫婦，誰かと），婚姻状況（既婚，離婚または死別，未婚またはその他），BMI（kg/m^2）（18.5未満，25以上），ADL（5点未満，5点），残歯（本）（20未満，20以上），現在治療中の疾患（ひとつ以上該当：がん，心疾患，脳血管疾患，高血圧，糖尿病，高脂血症，骨粗しょう症，胃腸病，嚥下障害，精神疾患），

（註3）2010年食料品アクセスマップでは食料品店にコンビニは考慮されていないため，日本ソフト販売株式会社の2010年「TMD500」（全業種店舗統計データ・メッシュ500）を使用して，学校区別のコンビニエンスストア店舗数を算出した。なお，2015年食料品アクセスマップでは食料品店にコンビニが含まれており，2005年および2010年についても同基準で遡及推計されている。

（註4）地面の傾斜度については，国土交通省国土政策局国土情報課の2011年国土数値情報データより，学校区の平均傾斜について算出した（http://nlftp.mlit.go.jp/ksj-e/gml/datalist/KsjTmplt-G04-a.html）（2020年4月閲覧）。

喫煙（吸う，吸わない），等価所得（百万円/年）（2.00未満，2.00 - 3.99，4.00以上），教育歴（年）（9以下，10-12，13以上）を設定した。地域レベルの共変量は，地域（都市・郊外，農村），コンビニエンスストア（以下，コンビニ）の店舗数（註3），地面の傾斜度（角度）（註4）とした。各共変量の欠損値は，「欠損」として変数に入れた。また，学校区を都市・郊外（60,576名）と農村（22,808名）に層化して同様に分析した。有意水準は0.05とした。

3．結果

　分析対象者の記述統計を**表1**に示す。対象者の平均年齢は主観的，客観的評価とも74歳前後であった。食料品店まで「遠い」地域に住む一方で，近隣に食料品店が「多い」と回答した住民は64.8％（＝100 - 35.2％「少ない」）であり，客観的評価と主観的評価との間で一致しない者が存在した。評価方法間の不一致は，都市・郊外の方が農村より強かった（Yamaguchi et al. 2019）。主観的，客観的評価とも食料品アクセスの評価方法の違いで社会経

表1　対象者の特徴

(人，%)

| | 主観的評価 | | 客観的評価 | |
	多い	少ない	近い	遠い
主観的評価・少ない	—	—	10,409 (19.6)	10,696 (35.2)
客観的評価・遠い	19,687 (31.6)	10,696 (50.7)	—	—
個人レベル				
年齢（歳）*	73.8 (6.1)	74.2 (6.4)	73.6 (6.0)	74.5 (6.4)
男性	29,661 (47.6)	8,954 (42.3)	25,011 (47.2)	13,604 (44.8)
ひとり暮らし	7,047 (11.3)	2,849 (13.5)	6,383 (12.0)	3,513 (11.6)
未婚 or その他	1,492 (2.4)	544 (2.6)	1,420 (2.7)	616 (2.0)
BMI18.5 未満（低体重）	4,203 (6.8)	1,556 (7.4)	3,772 (7.1)	1,987 (6.5)
BMI25.0 以上（過体重）	13,186 (21.2)	4,396 (20.8)	11,010 (20.8)	6,572 (21.6)
日常生活動作 5 点未満	11,982 (19.2)	4,944 (23.4)	10,496 (19.8)	6,430 (21.2)
残歯 20 本未満	39,831 (64.0)	14,407 (68.3)	32,541 (61.4)	21,697 (71.4)
疾患あり	38,640 (62.0)	13,409 (63.5)	32,843 (62.0)	19,206 (63.2)
現在喫煙	6,610 (10.6)	2,125 (10.1)	5,758 (10.9)	2,977 (9.8)
等価所得 200 万円未満	25,215 (40.5)	9,266 (43.9)	20,594 38.9)	13,887 (45.7)
教育歴 9 年以下	28,298 (45.4)	10,336 (49.0)	23,409 (44.2)	15,225 (50.1)
地域レベル				
都市・郊外	47,532 (76.3)	13,044 (61.8)	49,469 (93.3)	11,107 (36.6)
コンビニエンスストア（店舗数）*	3.8 (3.1)	3.0 (3.0)	4.3 (3.4)	2.3 (2.1)
地面の傾斜度（角度）*	4.2 (5.2)	6.7 (7.2)	2.3 (3.0)	9.4 (7.0)

註：*は平均，標準偏差である。

済的，および身体的特徴に明らかな違いはみられなかった。地域レベルの特徴については，都市・郊外の住民の割合は，主観的評価と客観的評価の双方とも食料品アクセスの評価が良い方が多く，客観的評価でより明らかであった（主観的評価：食料品店が「多い」76.3％，「少ない」61.8％，客観的評価：食料品店まで「近い」93.3％，「遠い」36.6％）。地域レベルでは，食料品アクセスの評価が悪い（少ない，遠い）地域は良い（多い，近い）地域よりもコンビニの店舗数が主観的評価では0.8店舗，客観的評価では1店舗少なかった。主観的，客観的評価ともに食料品アクセスの評価が悪い地域では，急傾斜であることが観察された。

　次に，マルチレベル一般化線形混合モデルを用いた食料品アクセスと野菜・果物，肉・魚摂取頻度との関連について示す。主観的評価，すなわち近隣に食料品店が「少ない」と回答した住民は，野菜・果物が0.09回/日，肉・魚は0.03回/日摂取頻度が有意に低かった（**表2**）。摂取頻度を月あたりに換算すると，近隣に食料品店が「少ない」住民では「多い」住民よりも，野菜・果物が2.7回，肉・魚が0.9回，摂取頻度が有意に低かった（**図2**）。この傾向

表2　食料品アクセスと生鮮食品摂取頻度との関連（全体：83,384名）

	主観的評価		客観的評価	
	回帰係数	p値	回帰係数	p値
野菜・果物摂取頻度				
主観的評価・少ない	-0.090 (0.010)	<0.001	—	
客観的評価・遠い	—		0.090 (0.020)	<0.001
VarRE	0.010 (0.001)		0.008 (0.001)	
ICC	0.010 (0.001)		0.008 (0.001)	
肉・魚摂取頻度				
主観的評価・少ない	-0.030 (0.004)	<0.001	—	
客観的評価・遠い	—		0.020 (0.010)	0.130
VarRE	0.005 (0.001)		0.005 (0.001)	
ICC	0.019 (0.002)		0.019 (0.002)	

註：カッコは標準誤差，VarRE は変量効果の分散，ICC は級内相関係数である。年齢（歳），性別（男，女），家族構成（ひとり暮らし，夫婦，誰かと），婚姻状況（既婚，離婚または死別，未婚またはその他），Body mass index（BMI）（kg/m²）（18.5未満，18.5-24.9，25以上），日常生活動作（5点未満，5点），残歯（本）（20未満，20以上），現在治療中の疾患（少なくともひとつ持つ：がん，心疾患，脳血管疾患，高血圧，糖尿病，高脂血症，骨粗しょう症，胃腸病，嚥下障害，精神疾患），喫煙（吸う，吸わない），等価所得（百万円/年）（2.00未満，2.00以上3.99未満，4.00以上），教育歴（年）（9以下，10-12，13以上）。
地域レベルの指標：地域除く（都市・郊外，農村），コンビニエンスストアの数，地面の傾斜度（角度）各共変量の欠損値は，「欠損」として変数に入れた。

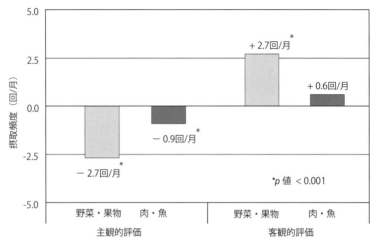

註：主観的評価「多い」，客観的評価「近い」の野菜・果物および肉・魚の摂取頻度を
　　0回/月として，主観的評価「少ない」，客観的評価「遠い」の摂取頻度と比較した
　　場合の差

図2　食料品アクセスと月あたり生鮮食品摂取頻度（全体：83,384名）

表3　食料品アクセスと生鮮食品摂取頻度との関連（都市・郊外：60,576名）

	主観的評価		客観的評価	
	回帰係数	p値	回帰係数	p値
野菜・果物摂取頻度				
主観的評価・少ない	-0.110　(0.010)	<0.001	-	
客観的評価・遠い	-		0.100　(0.020)	<0.001
VarRE	0.008　(0.001)		0.005　(0.001)	
ICC	0.008　(0.001)		0.006　(0.001)	
肉・魚摂取頻度				
主観的評価・少ない	-0.030　(0.005)	<0.001	-	
客観的評価・遠い	-		0.020　(0.020)	0.194
VarRE	0.004　(0.000)		0.004　(0.000)	
ICC	0.016　(0.002)		0.016　(0.002)	

註：カッコは標準誤差，VarREは変量効果の分散，ICCは級内相関係数である。共変量については表2
　　註を参照（地域（都市・郊外，農村）は除く）。

は，食料品アクセスの評価方法と摂取頻度との関連では，肉・魚よりも野菜・
果物の方が強かった。反対に客観的評価では，食料品店まで「近い」住民よ
り「遠い」住民は野菜・果物の摂取頻度が0.09回/日，月あたりでは2.7回有
意に高くなった。また，都市・郊外と農村に層化して行った分析でも同様の
傾向が得られ，特に都市・郊外の方が明らかな関連がみられた。具体的には，

表 4　食料品アクセスと生鮮食品摂取頻度との関連（農村：22,808 名）

	主観的評価		客観的評価	
	回帰係数	p 値	回帰係数	p 値
野菜・果物摂取頻度				
主観的評価・少ない	-0.050　(0.020)	<0.001	-	
客観的評価・遠い	-		0.050　(0.050)	0.323
VarRE	0.017　(0.004)		0.016　(0.004)	
ICC	0.016　(0.004)		0.015　(0.003)	
肉・魚摂取頻度				
主観的評価・少ない	-0.020　(0.007)	<0.001	-	
客観的評価・遠い	-		0.040　(0.030)	0.288
VarRE	0.007　(0.002)		0.007　(0.001)	
ICC	0.030　(0.006)		0.029　(0.006)	

註：カッコは標準誤差，VarRE は変量効果の分散，ICC は級内相関係数である。共変量について
は表 2 註を参照（地域（都市・郊外，農村）は除く）。

野菜・果物の摂取頻度は都市・郊外では主観的評価-0.11回/日，客観的評価
0.10回/日であり，農村においては主観的評価-0.05回/日，客観的評価0.05回/
日であった（**表 3，4**）。

4．考察

本研究結果より，主観的評価による食料品アクセスの悪さ（近隣に食料品
店が少ないと回答）と野菜・果物の摂取頻度は負の関連がみられた一方で，
客観的評価による食料品アクセスの悪さ（食料品店まで 1 km以上）と野菜・
果物の摂取頻度は正の関連がみられたことが明らかになった。

食料品アクセスの客観的評価に関する本研究結果は，米国都市部の高齢者
を評価した研究（Morland et al. 2008）と一致しており，統計的有意性はみ
られなかったものの，よく利用する食料品店への距離が1/10マイル（約
161m）遠くなるごとに 1 日あたりの野菜・果物0.03皿（サービング）の摂
取量増加がみられた。しかし，農村部の高齢者（Sharkey et al. 2010）や都
市住民（16歳以上）（Bodor et al. 2008）を対象とした 2 つの研究では，客観
的な食料品アクセスが悪い人，すなわち食料品店まで遠い住民は，野菜
（Bodor et al. 2008; Sharkey et al. 2010）と果物（Sharkey et al. 2010）の摂

取量が有意に低かった。いくつかの研究では，低所得者及び若年者を含む都市住民の客観的評価と野菜・果物の摂取量との間に有意な関連はないと報告した（Aggarwal et al. 2014; Caspi et al. 2012a; Lucan et al. 2014; Pearce et al. 2008）。本研究と先行研究の結果の不一致について，先行研究（Aggarwal et al. 2014; Bodor et al. 2008; Caspi et al. 2012a; Lucan et al. 2014; Pearce et al. 2008; Sharkey et al. 2010）は欧米文化特有の食環境での結果であったことに加え，分析の対象が比較的若年層であったことや，低所得者，少数民族・人種を含む対象者であったことなどが先行研究の不一致の原因のひとつとなった可能性がある。

　本研究は，食料品アクセスの主観的評価（多い・少ない）を使用した結果とは反対に，客観的評価すなわち食料品店まで遠い住民は，近い住民よりも野菜・果物の摂取頻度が有意に高いことが分かった。客観的評価は，主観的評価よりも実際の個人の食品購買行動と関連する野菜・果物の摂取頻度に反映しなかった可能性がある（Caspi et al. 2012b; Lucan et al. 2014）。本研究より，食料品アクセスの評価方法の不一致，すなわち主観的評価で近隣に食料品店が少ないと回答した者が，必ずしも客観的評価で食料品店まで遠い地域に住んでいるとは限らず，特に都市・郊外でその傾向が明らかだった。これらの住民が，野菜・果物の摂取頻度を高くした可能性がある。先行研究では，都市の住民は多様な小売業態など食料品店の選択肢が相対的に豊富なため，食品価格の安さ（Aggarwal et al. 2014）や健康志向（Morland et al. 2008）などから，最寄りの食料品店よりも遠い食料品店を選択する傾向があった。

　食料品アクセスの客観的評価の結果から，食料品店までの距離のみでは食品摂取との関連を十分考慮できなかった可能性がある。第一に，本研究で使用した2010年食料品アクセスマップでは，コンビニエンスストアとともに野菜・果物や肉・魚を販売する直売所が含まれておらず，これらが食料品店として含まれなかった可能性がある。第二に，農業や漁業が盛んな地域は，客観的評価と野菜・果物，及び肉・魚の摂取頻度との関連を不明瞭にさせた可

能性がある。これら地域においては，小規模な直売所や近所同士のおすそ分けなどを通じて野菜・果物，肉・魚の入手が容易と感じたかもしれない（Kamiyama et al. 2016; Plieninger et al. 2018）。第三に，近年の食料品入手方法の変化が客観的評価の食料品アクセスと野菜・果物，肉・魚との関連の交絡となった可能性がある。例えば，地方自治体，非政府組織，その他社会組織または大手小売企業（コンビニエンスストアなど）が提供するオンラインでの買い物・宅配サービスや移動販売車は，食料品店が不足する地域で高齢者を支援するために2010年頃より増加しており（Ishiguro 2014），これらの各種サービスが食料品店への距離の遠さからくる食料品アクセスの客観的評価の悪さをある程度緩和したかもしれない。

　近隣に食料品店が主観的に少ないと回答した住民は，多いと回答した住民より野菜・果物や肉・魚などの生鮮食品を購入する機会が少ないのかもしれない。なお，本結果は横断的調査のため，長期的な健康への影響は不明であるが，高齢者が食料品を買いに行きやすい環境づくりが必要と考えられる。

　結語に，食料品アクセスは主観的評価および客観的評価の両方で総合的に評価することが望ましいと考えられる。本研究は，誰もが新鮮で健康的な食料品を購入できる環境を整える地域づくりの必要性を示した。

［謝辞］

本研究は，日本福祉大学健康社会研究センターによる愛知老年学的評価研究（Aichi Gerontological Evaluation Study: AGES）プロジェクトの2010年横断データを使用し，以下の助成を受けて実施した。記して深謝とする。

【This study used data from the Japan Gerontological Evaluation Study（JAGES），which was supported by MEXT（Ministry of Education, Culture, Sports, Science and Technology-Japan）-Supported Program for the Strategic Research Foundation at Private Universities（2009-2013）; JSPS（Japan Society for the Promotion of Science）KAKENHI Grant Numbers（22330172, 22390400, 23243070, 23590786, 23790710, 24390469,

24530698, 24683018, 25253052, 25870573, 25870881）, 15K16181（M.Y. received）, 18K05856（K.T. received）, 15K18174（M.H. received）, 18K13885（N.S. received）, and 18H04071（N.K. received）; Health Labour Sciences Research Grants（H22-Choju-Shitei-008, H24-Junkanki [Seishu]-Ippan-007, H24-Chikyukibo-Ippan-009, H24-Choju-Wakate-009, H25-Kenki-Wakate-015, H26-Irryo-Shitei-003 [Fukkou], H25-Choju-Ippan-003, H26-Choju-Ippan-006）from the Ministry of Health, Labour and Welfare, Japan; the Research and Development Grants for Longevity Science from AMED （Japan Agency for Medical Research and development）（JP18dk0110027, JP18ls0110002, JP18le0110009, 17dk0110027h0001）; and a grant from National Center for Geriatrics and Gerontology, Japan（24-17, 24-23）. The funders had no role in study design, data collection and analysis, decision to publish, or preparation of the manuscript】

　［付記］
　本章は，Yamaguchi et al.（2019）を再構成し，加筆・修正したものである。

引用文献

Aggarwal, A, Cook, AJ, Jiao, J, Seguin, RA, Vernez MA, Hurvitz, PM, Drewnowski, A.（2014）Access to supermarkets and fruit and vegetable consumption. *Am J Public Health*, 104: 917-923. https://doi.org/10.2105/AJPH.2013.301763

Bodor, JN, Rose, D, Farley, TA, Swalm, C, Scott, SK.（2008）Neighbourhood fruit and vegetable availability and consumption: the role of small food stores in an urban environment. *Public Health Nutr*, 11: 413-420. https://doi.org/10.1017/S1368980007000493

Caspi, CE, Kawachi, I, Subramanian, SV, Adamkiewicz, G, Sorensen, G.（2012a）The relationship between diet and perceived and objective access to supermarkets among low-income housing residents. *Soc Sci Med*, 75: 1254-1262. https://doi.org/10.1016/j.socscimed.2012.05.014

Caspi, CE, Sorensen, G, Subramanian, SV, Kawachi, I.（2012b）The local food environment and diet: a systematic review. *Health Place*, 18: 1172-1187. https://doi.org/10.1016/j.healthplace.2012.05.006

Ishiguro K. (2014) Food Access Among Elderly Japanese People. *Asian Soc Work Policy Rev*, 8: 275-279. https://doi.org/10.1111/aswp.12032

Kamiyama, C, Hashimoto, S, Hsaka, R, Saito, O. (2016) Non-market food provisioning services via homegardens and communal sharing in satoyama socio-ecological production landscapes on Japan's Noto peninsula. *Ecosyst Serv*, 17: 185-196. https://doi.org/10.1016/j.ecoser.2016.01.002

Kim, D, Lee, CK, Seo, DY. (2016) Food deserts in Korea? A GIS analysis of food consumption patterns at sub-district level in Seoul using the KNHANES 2008-2012 data. *Nutr Res Pract*, 10: 530-536. 10.4162/nrp.2016.10.5.530

Lucan, SC, Hillier, A, Schechter, CB, Glanz, K. (2014) Objective and self-reported factors associated with food-environment perceptions and fruit-and-vegetable consumption: a multilevel analysis. *Prev Chronic Dis*, 11: E47. http://dx.doi.org/10.5888/pcd11.130324

Morland, K, Filomena, S. (2008) The utilization of local food environments by urban seniors. *Prev Med*, 47: 289-293. https://doi.org/10.1016/j.ypmed.2008.03.009

Nakamura, H, Nakamura, M, Okada, E, Ojima, T, Kondo, K. (2017) Association of food access and neighbor relationships with diet and underweight among community-dwelling older Japanese. *J Epidemiol*, 27: 546-551. https://doi.org/10.1016/j.je.2016.12.016

Pearce, J, Hiscock, R, Blakely, T, Witten, K. (2008) The contextual effects of neighbourhood access to supermarkets and convenience stores on individual fruit and vegetable consumption. *J Epidemiol Community Health*, 62: 198-201. http://dx.doi.org/10.1136/jech.2006.059196

Plieninger, T, Kohsaka, R, Bieling, C, Hashimoto, S, Kamiyama, C, Kizos, T., Penker, M, Kieninger, P, Shaw, B, Sioen, GB, Yoshida, Y, Saito, O. (2018) Fostering biocultural diversity in landscapes through place-based food networks: a "solution scan" of European and Japanese models. *Sustainability Science*, 13: 219-233. https://doi.org/10.1007/s11625-017-0455-z

Sharkey, JR, Johnson, CM, Dean, WR. (2010) Food access and perceptions of the community and household food environment as correlates of fruit and vegetable intake among rural seniors. *BMC Geriatr*, 10: 32. https://doi.org/10.1186/1471-2318-10-32

薬師寺哲郎編 (2015)『超高齢社会における食料品アクセス問題―買い物難民，買い物弱者，フードデザート問題の解決に向けて―』ハーベスト社。

Yamaguchi, M, Takahashi, K, Hanazato, M, Suzuki, N, Kondo, K, Kondo, N. (2019)

Comparison of Objective and Perceived Access to Food Stores Associated
with Intake Frequencies of Vegetables/Fruits and Meat/Fish among
Community-Dwelling Older Japanese. *Int J Environ Res Public Health*, 16: pii:
E772. https://doi.org/10.3390/ijerph16050772

第9章
買い物サービス利用と食品摂取

菊島 良介

1. はじめに

　高齢化の進展，食料品店の減少を背景とする食料品アクセス問題が取り沙汰されて久しい。食料品アクセス問題に関する一連の研究から，買い物における不便や苦労から推し量られる食料品店へのアクセスの困難さが食生活に影響を及ぼす可能性が指摘され，その実証が課題となっている（薬師寺2015）。

　我が国における食料品アクセス問題と食生活に関して，食料品店へのアクセスが困難であることによって食品摂取の多様性が低下することが指摘されている（註1）。この背景には，食料品店へのアクセスが困難であることに伴う買い物頻度の減少がある。これまで食料品アクセス問題を軽減・緩和させるものとして，移動販売事業をはじめとして生協・スーパー等の宅配から買い物サポートなどの買い物を支援する様々なサービスが提供されてきた。しかしながら，食品摂取の多様性の低下に示されるように，食料品店へのアクセスが困難であることに起因する食生活の問題が，買い物サービスによって緩和されるかどうかは先行研究において必ずしも明示されてこなかった。こうした買い物サービスの利用が食品摂取に及ぼす影響の評価は食料品アクセス問題を解決する具体的な提案であり，効果的な食料品アクセス対策とし

（註1）この問題は我が国に限ったことではない。イギリスでは1990年代からフードデザート（以下FDs）問題が注目され，数多くの研究がなされてきた。一方で，食料品アクセスの低下が住民の食生活を阻害する主要因ではなく，明確な学術的根拠は欠いているとの批判もある（岩間他 2016）。

ての買い物サービスの普及や実施に向けた素地となる。

　食料品アクセス問題と買い物サービスについて，高橋他（2012）は買い物弱者支援として移動販売事業の有用性に注目するなど，移動販売事業を中心に買い物サービスに関する研究は豊富な蓄積を見せている。しかしながら，これらの研究は移動販売事業の経営手法や利用者の買い物行動の分析にとどまっていることが指摘されており（岩間他 2016）（註2），食品摂取の多様性のような具体的な食生活に及ぼす影響までは言及されていない。

　食料品アクセス問題と食品摂取の関係について，吉葉他（2015）は，国内外の先行研究（註3）が特定の食品や栄養素のみを食品摂取の指標として取り上げる傾向にあることに触れ，多種類の食品の摂取を包括的に捉えるといった食物摂取の多様性を指標として検討を行う必要性を指摘している。食品摂取の多様性を指標とした我が国の研究に目を向けると，薬師寺（2015）は大都市郊外の住民を対象に，食品摂取の多様性得点（熊谷他 2003）を被説明変数としたTobit推計を行っているが，買い物サービスの利用の影響は考慮されていない。

　買い物サービスの利用と食品摂取について岩間他（2016）は，東京近郊の地方都市の住民を対象に，移動販売者の停車場所と低栄養リスク（食品摂取の多様性低群）高齢者の集住地区には一定の乖離が見られることを指摘している。また，吉葉他（2015）は，一人暮らし高齢者を対象に主観的な食料品アクセスと食品摂取の多様性得点に有意な関連がみられることを示している。その際，配食サービス・宅配弁当・食材の宅配を食事サービスと分類した上

（註2）岩間他（2016）が詳細なレビューを行っている。移動販売事業の継続性について検討を行った研究として房安他（2013）など，中山間地域における移動販売の利用実態・意識調査に焦点を当てた研究として土屋・佐野（2011）などが挙げられている。

（註3）また，Yen et al.（2009）が2007年以前の高齢者の食料品アクセス問題を対象とした海外の研究をまとめている。吉葉他（2015）のレビューでは，Bodor et al.（2008），Sharkey et al.（2010）が挙げられている。この他Zenk et al.（2009）やAggarwal（2014）などがあるが，いずれも野菜・果物の摂取頻度に焦点が当てられ，食品摂取の多様性は対象とされていない。

で，それら食事サービスの利用と食品摂取の多様性得点の関係を分析し，有意な関係が見られなかったと言及している。しかし，これらの分析が単変量解析に留まっており，見せかけの相関である可能性は否めない。様々な要因をコントロールした計量経済分析による因果関係の特定が求められる。

　そこで，本稿では買い物サービスの利用が具体的な食品摂取にどのような影響を与えるのか，買い物サービスの利用が食品摂取の多様性に及ぼす影響についてTobitモデルを用いて定量的に明らかにする。なお，2016年6月に「食料品アクセス問題に関する意識・意向調査」として実施された農林水産情報交流ネットワーク事業全国調査（以下，モニター調査）（註4）結果をデータとして用いる。

　先行研究と比較して，本稿の分析上の特徴は大きく以下の2点である。①これまでの先行研究が特定地域の住民を対象としたアンケートの分析であるのに対して，本稿では全国規模の調査データを利用することで，地域差を踏まえたより一般的な傾向を示す点，②買い物サービス利用が食品摂取の多様性に及ぼす影響をTobitモデルにより定量的に評価する点である。その際，次の点に留意しなければならない。買い物サービスの利用や買い物頻度が説明変数となるが，多様性を確保するために買い物サービスを利用したり，買い物頻度を増やしたりすることが十分に想定できるように，これらの変数は外生的に決まるものではなく実際には消費者の意思決定により内生的に決まる内生変数である点である。この点に関して次に示す2段階推計を行い対処する。1段階目でBivariate probitモデルを用いる。これにより買い物サービス利用と買い物頻度の同時決定性を踏まえた，買い物サービスの利用者の

（註4）モニター調査は，農林水産省統計部が設置している全国の農林水産業の生産者から加工・流通業者，消費者からなるモニターに対する調査である。本調査はこのうち生産者1,759名及び消費者987名の計2,746名を対象とし，2,516名より回答を得た（回収率91.6％）。なお，食料品アクセス問題に関する調査であるため，モニター世帯内のうち普段食事の準備や調理をする者に回答を限定している。なお，結果概要や統計表は，以下のサイトに公表されている。http://www.maff.go.jp/j/finding/mind/attach/pdf/index-1.pdf（2017年5月2日確認）

特徴が示される。ここでの同時決定性とは，買い物サービスの利用が買い物頻度を低くする場合やその逆の関係にあることが容易に想定できるように，買い物サービスの利用は買い物頻度に規定されると同時に，買い物頻度が買い物サービスの利用に規定される可能性である。2段階目でBivariate probitモデルから導かれる買い物サービス利用や買い物頻度の予測値（predicted value）や客観的アクセス指標である店舗までの平均距離（註5）を説明変数として用いてTobitモデルの推計を行う（註6）。

　以下，第2節にて分析の枠組みを述べ，続いて第3節において買い物サービス利用者の特徴を把握し，第4節にて，買い物サービスの利用が食品摂取の多様性に与える影響の分析を行う。最後に第5節にて結論を述べる。

2．分析の枠組み

　まず，買い物サービス利用と買い物頻度との関係を概観して，買い物サービス利用と買い物頻度が相互に規定しあう関係にあるかを考察する。その上でBivariate Probitモデルを適用し，買い物頻度との同時決定性を考慮した買い物サービス利用者の特徴を明らかにする。続いて，買い物サービス利用と買い物頻度の予測値を用いたTobitモデルの推計により，買い物サービスの利用が食品摂取の多様性に与える影響を明らかにする。その際，食品摂取の多様性は生鮮食品の購入や調理，あるいは中食の利用などの食事の準備に密接に関連しているという仮説を検証する。これは薬師寺（2015）が明らか

（註5）高橋（2017）が本稿と同データを用いた先行分析を行っており，買い物において不便や苦労を感じるといった「主観的アクセス指標」に対して店舗までの平均距離という「客観的アクセス指標」が影響すること，その影響度は距離が大きくなるほど強くなる傾向を持つことを明らかにしている。なお，主観的アクセス指標，客観的アクセス指標はともに本稿と同じである。
（註6）適切な操作変数を見つけることができないため，推計に用いる標準誤差はBilgic and Yen（2013）や本田他（2016）と同様にブートストラップ法を用いて2段階目の係数の標準誤差を評価している。なお，1段階目は通常の標準誤差を用いている。より適切な推計方法は今後の課題としたい。

にした外部化指向や孤食指向が食品摂取の多様性に与える影響に基づいているが，検証のためにモニター調査の項目のうち食事の準備に関する項目を用いた主成分分析を行い，その結果を反映させる。

　また，買い物における不便や苦労から食料品店へのアクセスの困難さを推し量る主観的アクセス指標にも注目する。なお，主観的アクセス指標は「あなたは普段，食料品の買い物で不便や苦労を感じることがありますか」に対して「不便や苦労がある」「不便や苦労を感じる」「不便や苦労はあまりない」「不便や苦労は全くない」の４つの選択肢から「不便や苦労がある」「不便や苦労を感じることがある」と回答した者を「不便あり」とし「不便や苦労はあまりない」「不便や苦労は全くない」と回答した者を「不便なし」としている。

　買い物サービスに関しては，「①宅配サービス（生協やネットスーパーなど）」「②お弁当の宅配や飲食店の出前（インターネットでの注文も含む）」「③乗り合いタクシーやコミュニティバス」「④買い物サポート（荷物の配送，同行など）」「⑤御用聞き・買い物代行サービス」「⑥移動販売車」を想定している。上記の項目は多重回答であり，「⑦上記のサービスを利用していない」が排他的選択肢として設けられている。本稿では，①～⑥のいずれかに該当する場合に１，「⑦上記のサービスを利用していない」に該当する場合に０をとる買い物サービス利用ダミー変数を作成する。

　食品摂取の多様性を評価するための指標として，先行研究（薬師寺 2015; 吉葉他 2015）同様，「食品摂取の多様性得点」を用いる。これは，「肉類」「魚介類」「卵」「牛乳」「大豆・大豆製品」「緑黄色野菜」「果物」「いも類」「海藻類」「油脂類」の10食品群のそれぞれに対してほぼ毎日摂取していれば１点を与え，その合計を得点とするものである。

　なお，以下の分析では，モニター調査の有効回答のうち，買い物サービスを確実に利用できる環境である消費者モニターに限定し（註７），買い物における不便の有無，買い物頻度など分析に用いる項目の欠損値を除いた814件を対象にしている。モニター調査では，食料品の買い物頻度とともに交通

手段やアクセス時間，買い物における不便有無とその内容について，食事の準備における生鮮食品や加工食品の利用頻度，肉類や野菜類など15食品群別の摂取頻度について確認している。また，回答者の就業形態や世帯年収，家族人数とともに世帯構成についても調査している。居住地については，あらかじめ登録されているモニター情報から農林水産省統計部内において該当メッシュコードを割り当て，それらに別途推計した食料品スーパーまでの距離をあてはめた（註8）。また，居住地の社会経済的状況や地理的特性を反映させるため，農業集落地図と照らし合わせ，農業地域類型による分類を行った（註9）。なお，農業地域類型は同一メッシュを除く814件について，都市的農業地域（660件），平地農業地域（76件），中間農業地域（62件），山間農業地域（16件）に分類した。

3．買い物サービス利用者の特徴

1）買い物サービス利用と買い物頻度との関係

まず，前節で定義した買い物サービスの利用と買い物頻度との関連を概観する。買い物での不便の有無別，各買い物サービス利用率を**図1**に示した。前述したように，各買い物サービスを利用しているかは多重回答であるため解釈に留意が必要であるが，各買い物サービスの利用率は買い物での不便ありが不便なしを上回っている。しかしながら，全体的な利用傾向は共通しており，不便あり回答者特有のサービス利用の特徴は見受けられなかった。実際に利用している買い物サービスをみると，生協やスーパー等の宅配サービスの利用率が最も高い。不便ありとする回答者のおよそ5割が何らかの買い

（註7）消費者モニターは全員Web上で回答を行っていることから，ネットスーパーや宅配等の買い物サービス利用が可能とみられる。生産者モニターは一部紙媒体での回答者があるため，全員が買い物サービスを利用できる環境にあるとは判断できない。
（註8）薬師寺（2015）と同様の方法であり，詳細についてはこちらを参照されたい。
（註9）農業地域類型の定義は2010年農林業センサスに従う。

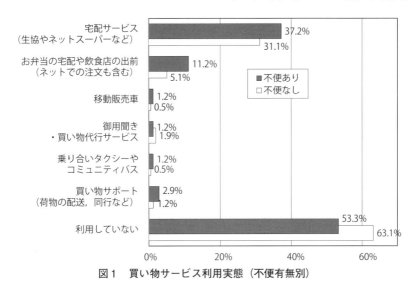

図1　買い物サービス利用実態（不便有無別）

物サービスを利用する点及び，それらのおよそ４割が宅配サービスを利用する点を考慮すると，買い物サービスを利用する買い物に不便ありとする回答者のおよそ８割（＝4/5）が宅配サービスを利用していることが読み取れる。

　続いて，買い物サービス利用と買い物頻度の関連についてみる。ここでの買い物頻度は，実際に食料品店へ出向く買い物であり，「ほとんど毎日」「２日に１回」「３〜４日に１回」「週に１回以下」の４つの選択肢から構成される。店舗までの距離が遠いなど，食料品店へのアクセス制約により買い物頻度が低い場合，買い物サービスを利用する傾向があるという仮説が設定できる。買い物頻度と買い物サービス利用の有無のクロス集計を不便の有無別に行った（**表1**）。なお，表中のパーセンテージは，それぞれの買い物頻度に対する買い物サービスの利用あり，なしの割合であり，それぞれの買い物頻度における買い物サービスの利用率を表す。クロス集計の結果から，不便の有無にかかわらず買い物頻度が低い層ほど買い物サービスの利用率が高まる傾向が見て取れる。この点から，買い物サービスの利用と買い物頻度は互いに独立ではなく同時決定である可能性が示唆された。

表1 買い物頻度と買い物サービス利用

	不便あり					不便なし				
	n	買い物サービス利用				n	買い物サービス利用			
		あり		なし			あり		なし	
		n	%	n	%		n	%	n	%
ほとんど毎日	51	21	41.2	30	58.8	150	33	22.0	117	78.0
2日に1回	73	34	46.6	39	53.4	161	60	37.3	101	62.7
3〜4日に1回	96	45	46.9	51	53.1	219	99	45.2	120	54.8
週に1回以下	22	13	59.1	9	40.9	42	19	45.2	23	54.8

2) 買い物サービス利用者の特徴

(1) 分析モデル

　本節では，買い物サービス利用者の特徴について買い物頻度との同時決定性を考慮して定量的に示す。

　前項の分析から，買い物サービス利用と買い物頻度が互いに独立ではなく相互依存の関係にあること，すなわち両者は同時決定でトレードオフの関係にあることが示唆された。この同時決定性への考慮には，Bivariateモデルが適切であり，買い物サービス利用と買い物頻度を被説明変数として分析を行う。このモデルを用いることで，2変数の関係は買い物サービス利用，買い物頻度の両推計式における誤差項間の相関として表現され，両式は同時に推計される（註10）。

　買い物サービスの利用は，利用している場合1をとる買い物サービス利用ダミーとする。買い物頻度について，食料品店へのアクセスの観点からすると，買い物頻度が低い回答者の特徴を示した方が推計結果を解釈しやすく有意義であるため，買い物サービス利用者と買い物頻度が低い人の特徴を示す二変量モデルとする。ここで「買い物頻度が低い（以下，買い物低頻度）」は，絶対的な定義が難しいため，相対的にサンプルがおよそ半数で分かれた買い

（註10）（1）式では「買い物頻度」（2）式では「サービスの利用」がそれぞれ誤差項に含まれた誘導型（reduced form）であり，被説明変数の相関が誤差項の相関に反映される。すなわち，「買い物頻度」と「買い物サービス利用」との相関がρに示される。

物の頻度が「3～4日に1回」「週に1回以下」に該当する場合に1をとる2値変数とする。すなわち，2つの2値変数を被説明変数とするBivariate probitモデルの推計を行う。Greene（2012）に従うと，推計モデルは以下のとおりである。

$$
\begin{cases} y_1 = 1 & \text{買い物サービス利用} & \text{if} & Y_1^* > 0 \\ y_1 = 0 & & & \text{otherwise} \end{cases}
$$

$$
\begin{cases} y_2 = 1 & \text{買い物低頻度} & \text{if} & Y_2^* > 0 \\ y_2 = 0 & & & \text{otherwise} \end{cases}
$$

$$
Y_1^* = \mathbf{X}_1 \boldsymbol{\beta}_1 + \varepsilon_1 \qquad (1)
$$
$$
Y_2^* = \mathbf{X}_2 \boldsymbol{\beta}_2 + \varepsilon_2 \qquad (2)
$$

ここでY_1^*とY_2^*は潜在変数，$\boldsymbol{\beta}_1$，$\boldsymbol{\beta}_2$はパラメータベクトルである。ε_1とε_2は以下に示す2変量正規分布に従う確率誤差項である。なお，ρは誤差項ε_1とε_2の相関を示すパラメータである。

$$
\begin{pmatrix} \varepsilon_1 \\ \varepsilon_2 \end{pmatrix} \middle| \mathbf{X}_1, \mathbf{X}_2 \sim \left[\begin{pmatrix} 0 \\ 0 \end{pmatrix}, \begin{pmatrix} 1 & \rho \\ \rho & 1 \end{pmatrix} \right]
$$

（2）推計方法

　前述のモデルは最尤法により推計を行う。誤差項ε_1とε_2の相関を示すρが正値を示すことが予想される。本稿では，買い物サービスの利用が食品摂取の多様性に及ぼす影響に焦点を当てているが，食品摂取の多様性には買い物サービスの利用だけではなく，生鮮食品の購入や調理などの食事の準備や様々な要因によって影響を受ける。そのため，薬師寺（2015）の分析を参考に需要要因と供給要因に整理してコントロールすべき説明変数を検討する。①供給要因として，距離及び交通手段（註11）（注目する変数：店舗までの平均距離，自動車運転ダミー），需要要因として②回答者の年齢・性別・食生活指向（注目する変数：年齢層別ダミー・男性ダミー・食生活指向の因子

（註11）交通手段に関する変数は買い物頻度の推計においてのみ用いる。

表 2　主成分分析の結果

主成分番号	1	2	3
外食を利用する	0.637	-0.015	0.107
お弁当を購入する	0.498	0.231	-0.001
加工食品を利用する	-0.098	0.731	0.001
お惣菜を購入する	0.190	0.584	-0.017
誰かと一緒に食べる	0.252	-0.143	0.708
夕食支度に時間をかける	-0.085	0.041	0.569
生鮮食品を調理する	-0.481	0.221	0.404
累積寄与率（%）	20.24	39.73	56.94
主成分の名称	外食指向	中食指向	内食・共食指向

註：各主成分は因子負荷量≧0.400 の項目から構成される。

得点）③家族構成（注目する変数：家族人数，外出困難世帯ダミー）④世帯
の経済状況（注目する変数：等価所得）⑤居住地域における地理的特性（注
目する変数：地域類型ダミー）を取り上げる（註12）。

　本研究では食生活の需要要因として，外部化指向や孤食傾向のような食生
活の指向が食品摂取の多様性得点に及ぼす影響をコントロールするが，指向
を見いだすために食事の準備に関する質問項目を用いて主成分分析を行った。
主成分の計算には相関行列を用い，軸回転はバリマックス回転法を用いた。
分析の結果を**表 2**にまとめる。各主成分は因子負荷量が0.400以上である項
目から構成されるものとして主成分名を名づけた。第 1 主成分は「外食を利
用する」「お弁当を購入する」から「外食指向」，第 2 主成分は「加工食品を
利用する」「お惣菜を購入する」から「中食指向」，第 3 主成分は「誰かと一
緒に食べる」「夕食の支度に時間をかける」「生鮮食品を調理する」から「内
食・共食指向」と分類した。「お弁当を購入する」が，「お惣菜を購入する」「加

（註12）買い物サービスの価格も買い物サービス利用の決定要因として考えられる
　　　が，①複数の買い物サービスの価格を算出することは困難である点，②価格
　　　の影響はほとんどないと十分に想定できるため（例えばコミュニティバスは
　　　無料であるケースが多く，移動販売では店舗価格と移動販売価格はほとんど
　　　変わらない）分析から除外している。なお，②に示したとおり価格要因を排
　　　除することから生じる問題はほとんどないと想定している。また，サンプル
　　　サイズが小さいことを踏まえて，「全ての説明変数の係数が 0 である」を帰無
　　　仮説としたWald検定で帰無仮説を有意水準 1 ％で棄却でき，かつAICが最小
　　　となる変数の組み合わせを選択した。

表3　記述等計量（Bivariate Probit）

変数名	変数の定義	平均値	（標準偏差）
被説明変数群			
買い物サービス利用ダミー	買い物サービスを利用している場合に1	0.40	(0.49)
買い物低頻度ダミー	2日に1回以上買い物しない場合に1	0.47	(0.50)
説明変数群			
店舗までの平均距離	最も近い店舗までの推定平均距離(m)	935.64	(1128.10)
自動車運転ダミー	最も近い店舗まで自動車を利用する場合に1	0.65	(0.48)
年齢50-64歳ダミー	回答者が50-64歳の場合に1	0.31	(0.46)
年齢65-74歳ダミー	回答者が65-74歳の場合に1	0.21	(0.40)
年齢≧75歳以上ダミー	回答者が75歳以上の場合に1	0.04	(0.19)
男性ダミー	回答者が男性である場合に1	0.13	(0.34)
主成分得点1（外食指向）	外食指向の程度を示す主成分得点（点）	1.04×10^{-9}	(1.21)
主成分得点2（中食指向）	中食指向の程度を示す主成分得点（点）	6.41×10^{-11}	(1.20)
主成分得点3（内食・共食指向）	内食・共食指向の程度を示す主成分得点（点）	-2.70×10^{-9}	(1.11)
家族人数	家族人数（人）	3.18	(1.13)
外出困難世帯ダミー	世帯に要介護、未就学児がいる場合に1	0.49	(0.50)
等価所得（対数）	等価所得を対数変換したもの	5.38	(0.65)
平地農業地域ダミー	居住地が平地農業地域である場合に1	0.09	(0.29)
中間農業地域ダミー	居住地が中間農業地域である場合に1	0.08	(0.27)
山間農業地域ダミー	居住地が山間農業地域である場合に1	0.02	(0.14)

工食品を利用する」との相関が強い成分とは関連が弱く，「外食を利用する」と同じ成分との相関が強かったことが特徴として挙げられる。これら3つの主成分得点を算出し推計に用いる。

　これまでに挙げた注目する変数について，Bivariate probitのそれぞれの定義と記述統計量を**表3**に示す。家族人数が3.18人と比較的多いこと，女性比率が高いこと（87%），世帯主の職業が農業者である比率が高いことが分かる。最も近い店舗までの平均距離が936mと店舗までの平均距離が500m以上である世帯が多いことがうかがわれる。

（3）推計結果と考察

　Bivariate probitの推計結果を**表4**に示した。なお，都道府県ダミーの欄の「Yes」という表記は都道府県ダミーを説明変数として用いていることを表している。

　まず，Bivariate Probitモデルにおける誤差項の相関を表すρの推計値を確認する。ρ＝0.24と有意な正値を示し，買い物サービス利用と買い物低頻度には有意な正の相関が見受けられた。買い物サービスの利用者は買い物頻度

表4　推計結果（Bivariate Probit）

	買い物サービス利用あり		買い物低頻度		
	係数	（標準誤差）	係数	（標準誤差）	
客観的アクセス指標					
店舗までの平均距離	-8.85×10^{-5}	(5.40×10^{-5})	1.26×10^{-4}	(5.86×10^{-5})	*
交通手段					
自動車運転ダミー			0.13	(0.11)	
個人属性					
年齢（ベース：年齢＜50歳）					
年齢50-64歳ダミー	0.20	(0.11) †	-0.25	(0.11)	*
年齢65-74歳ダミー	0.04	(0.14)	-0.28	(0.14)	*
年齢≧75歳ダミー	0.03	(0.28)	-0.31	(0.28)	
男性ダミー	0.02	(0.15)	0.27	(0.15)	†
主成分得点1（外食指向）	-0.13	(0.05) **	-0.02	(0.04)	
主成分得点2（中食指向）	0.03	(0.04)	-0.12	(0.04)	**
主成分得点3	0.01	(0.05)	-0.03	(0.04)	
世帯属性					
家族人数	0.11	(0.05) *	-0.07	(0.05)	
外出困難世帯ダミー	-0.01	(0.10)	-0.04	(0.10)	
等価所得（対数）	0.09	(0.08)	-0.04	(0.08)	
地域類型（ベース：都市的地域）					
平地農業地域ダミー	0.27	(0.18)	-0.10	(0.18)	
中間農業地域ダミー	0.58	(0.21) **	0.23	(0.22)	
山間農業地域ダミー	1.25	(0.41) **	0.23	(0.38)	
定数項	-1.18	(0.57)	0.55	(0.56)	
都道府県ダミー			Yes		
ρ			0.24 **		
サンプルサイズ			814		
AIC			2251.67		
Loglikelihood			-1001.84		

註：**，*，†はそれぞれ 1 ％， 5 ％，10％有意水準で有意であることを表す。

が低い（あるいは買い物頻度が低い人は買い物サービスを利用する）傾向にあることがうかがえる。同時決定性を考慮した推定を行うことによって，これらの影響をコントロールした説明変数の係数が推計された。

　続いて，説明変数が被説明変数に与える影響をみる。はじめに，買い物サービス利用に影響を与える変数を確認する。①供給要因として，客観的アクセス指標である店舗までの平均距離が有意な値を示さなかった。すなわち，アクセスへの制約にかかわらず，買い物サービスは利用されていることが示唆された。以下，需要要因であるが，②回答者の年齢・性別・食生活の指向を示す変数に関して，年齢50－64歳ダミーの係数が有意な正値，外食指向を示す主成分得点1の係数が有意な負値であった。年齢50歳未満に対して，年齢50－64歳の階層はよく買い物サービスを利用していること，外食指向が強い人は買い物サービスを利用しない傾向にあることが示唆された。③回答者

の家族構成について，家族人数の係数のみ有意な正値を示し，家族人数が多い世帯の利用が多いことが示唆される。一方，世帯員における要介護者や未就学児の有無は買い物サービス利用に影響を与えていないことがうかがえる。④回答者が属する世帯の経済状況として，等価所得の係数は有意な値を示さなかった。経済状況にかかわらず買い物サービスが利用されていることが示唆される。⑤回答者の居住地域における地理的特性に関して中間農業地域と山間農業地域ダミーの係数も有意な正値であった。これらの地域では買い物サービスの利用が盛んであることが考えられる。

　次に，買い物低頻度に影響を与える変数を確認する。供給要因について①店舗までの平均距離が有意な正値を示し，食料品店へのアクセスの制約が買い物頻度の低下を招いていることが確認できる。自動車の有無による買い物頻度の差は見受けられなかった。需要要因を確認すると，②回答者の年齢・性別・食生活指向について，年齢50－64歳ダミーと年齢65－74歳ダミーの係数が有意な負値を示した。年齢が50歳未満である層と比較し買い物頻度が高いことがうかがえる。男性ダミーが有意な正値を示した。女性に比べ男性の買い物頻度が低いことが示された。中食指向を示す主成分得点2の係数が有意な負値を示し，加工品やお惣菜を購入するため買い物に直接出向いていると考えられる。③回答者の家族構成，④回答者が属する世帯の経済状況，⑤回答者の居住地域における地理的特性に関する変数は，いずれも有意な値を示さなかった。家族構成や経済状況，居住地域の特性に関係なく，買い物頻度が低い回答者が存在していることが示唆される。

4．買い物サービス利用が食品摂取の多様性に及ぼす影響

1）買い物サービス利用状況と食品摂取頻度

　本節では，買い物サービスが食品摂取の多様性に及ぼす影響を定量的に把握する。まず，買い物での不便の有無，それぞれにおいて買い物サービス利用によって生じうる食品摂取の多様性得点，食品群別摂取頻度の差をみる。

表5 食品摂取の多様性と摂取頻度

	65歳未満				65歳以上			
	不便あり		不便なし		不便あり		不便なし	
（買い物不便）								
（買い物サービス利用）	なし	あり	なし	あり	なし	あり	なし	あり
（サンプルサイズ）	100	88	265	164	29	25	96	47
（多様性得点）	3.1	3.3	3.4	3.5	3.5	4.4 ‡	4.3	4.4
摂取頻度（日/週）								
ごはん	6.7	6.7	6.8	6.8	6.6	6.8	6.7	7.0 *
パン	4.0	3.9	3.7	4.2 *	3.8	5.1 †	4.5	4.1
めん類	1.9	2.2 †	2.2	2.2	2.5	2.3	2.2	2.3
魚介類	3.2	3.4	3.3	3.4	3.9	4.6	4.5	4.5
肉類	4.6	4.5	4.7	4.7	3.8	4.5	4.0	4.3
牛乳	4.2	4.3	4.0	4.1	4.2	5.1	5.0	5.2
卵	4.6	4.9	4.9	4.8	5.0	4.5	4.9	4.9
緑黄色野菜	5.6	6.1 †	6.0	6.2	5.8	6.8 *	6.6	6.5
いも類	3.0	3.0	2.8	3.1	2.9	3.0	3.1	3.0
海藻類	2.7	3.1	2.8	3.3 *	3.3	4.0	3.7	3.7
大豆・製品	4.4	4.1	4.3	4.5	4.9	5.6	5.1	5.0
果物類	3.4	3.5	3.5	3.9	4.9	5.5	5.4	4.7
油脂類	4.3	4.5	5.0	5.0	4.0	4.2	4.5	4.6
菓子類	4.4	4.8	4.3	4.5	4.0	4.7	4.4	4.1
アルコール	2.0	1.8	2.5	2.7	2.2	2.3	2.4	2.7

註：**, *, †はそれぞれ1％, 5％, 10％有意水準で差があることを表す。

買い物サービス利用あり・なしについて独立した2群のt検定を行った。検定結果を**表5**に示した。

　買い物に不便や苦労を感じていても，買い物サービス利用者は食品摂取の多様性得点が高い傾向がみられた。しかし，その差は統計的有意ではなく，食品摂取の多様性得点に影響を及ぼす要因として，買い物における不便や苦労と買い物サービスの利用以外の要因の存在が大きいことがうかがえる。次項にて他の要因をコントロールして，より厳密に買い物サービスが食品摂取の多様性得点に及ぼす影響を把握する。

　また，各食品群の摂取頻度に着目すると，65歳未満，65歳以上双方の年齢層に共通することだが，緑黄色野菜の摂取頻度に関して，買い物での不便や苦労がある群で買い物サービス利用の有無から生じる差が有意であった。

２）買い物サービス利用状況と食品摂取の多様性得点

（1）推計方法

　前節で示した食品摂取の多様性得点の差には，他の変数の影響も含まれて

表6　記述等計量（Tobit モデル）

（サンプルサイズ）	全体 814		不便あり 572		不便なし 242	
	平均	（標準偏差）	平均	（標準偏差）	平均	（標準偏差）
被説明変数						
多様性得点	3.59	(2.06)	3.36	(2.03)	3.69	(2.06)
説明変数群						
買い物サービス利用（予測値）	0.47	(0.17)	0.47	(0.18)	0.46	(0.17)
買い物低頻度（予測値）	0.40	(0.16)	0.40	(0.16)	0.40	(0.16)
65 歳以上ダミー	0.24	(0.43)	0.22	(0.42)	0.25	(0.43)
女性ダミー	0.87	(0.34)	0.90	(0.30)	0.86	(0.35)
主成分得点3（内食・共食指向）	-2.70×10^{-9}	(1.11)	-0.03	(1.11)	0.01	(1.12)
食事療法ダミー	0.12	(0.32)	0.14	(0.34)	0.11	(0.31)
等価所得（対数）	5.38	(0.65)	5.30	(0.64)	5.41	(0.64)

註：1）変数の定義は表3に準じる。
　　2）食事療法ダミーは回答者が食事療法を実施している場合に1を取る二値変数である。

　いる。そのため，薬師寺（2015）同様，食品摂取の多様性得点を被説明変数としたTobitモデルを用いて，より厳密な買い物サービス利用が食品摂取の多様性得点に及ぼす影響を示す。その際，買い物サービス利用ダミー，買い物頻度ダミーの同時決定性，内生性に留意する。具体的には前節で得られたBivariate probitの推計結果を利用して，買い物サービスの利用確率である$Pr(y_1=1)$，買い物低頻度である確率を示す$Pr(y_2=1)$の予測値をそれぞれ推定する。得られた予測値をTobitモデルの説明変数として用いる。なお，Bivariate probitモデルが1段階目，予測値を用いたTobitモデルが2段階目と実質2段階推計であり，第1段階と第2段階の推定で用いる説明変数が完全に一致することは好ましくない。そのため，変数の構成を1段階目から変更している（註13）。

　サンプル全体及び不便有無別のサブグループに分けたTobit推計を行う。分析に用いた変数について，それぞれの定義と記述統計量を**表6**に示す。不便なし群に比べて不便あり群の等価所得が少ない傾向が見て取れる。

（註13）　2段階目の推計においては多重共線性の可能性が高いため説明変数間の相関，特に予測値との相関が高い変数は除外している。この他推計に当たってはBilgic and Yen（2013）と同様の対処を行っている。

（2）推計結果と考察

　Tobitモデルの推計結果を**表7**に示す。まず，サンプル全体の推計をみる。注目すべきは買い物サービス利用の係数は有意な正値を示していることである。買い物サービスの利用者は食品摂取の多様性得点が高いことが示唆される。この他，65歳以上ダミー，内食・女性ダミー，内食・共食指向を示す主成分得点3，等価所得の係数がいずれも正の値を示し，65歳以上，内食・共食指向が強い，女性，等価所得が高い回答者の食品摂取の多様性得点が高いことが読み取れる。

　次に，買い物における不便や苦労の有無別のサブサンプル推計をみていく。不便あり群にみられた特徴として，買い物サービス利用の係数は有意な正値であったことが挙げられる。65歳以上ダミー，等価所得の係数の値も有意であり，買い物に不便や苦労を感じていても，65歳以上の高齢者は65歳未満の回答者に比較して多様性得点が高いことや所得が高い場合に多様性が高いことが示唆された。不便なし群では，買い物サービス利用の係数は有意でなく，65歳以上ダミー，女性ダミー，内食・共食指向を示す主成分得点3の係数が有意な正値を示した。この群では，買い物サービスの利用は多様性得点に影響を与えず，65歳以上，内食・共食指向が強い，女性の回答者の多様性得点が高いことが示された。

表7　推計結果（Tobitモデル）

	全体		不便あり		不便なし	
	係数	（標準誤差）	係数	（標準誤差）	係数	（標準誤差）
買い物サービス利用（予測値）	0.94	(0.46) *	1.34	(0.74) †	0.74	(0.57)
買い物低頻度（予測値）	-0.29	(0.44)	0.19	(0.73)	-0.44	(0.55)
65歳以上ダミー	0.95	(0.19) **	0.24	(0.09) **	0.23	(0.05) **
女性ダミー	0.59	(0.24) *	0.49	(0.43)	0.63	(0.28) *
主成分得点3（内食・共食指向）	0.24	(0.07) **	0.11	(0.12)	0.28	(0.10) **
食事療法ダミー	-0.06	(0.27)	-0.23	(0.49)	0.03	(0.31)
等価所得（対数）	0.25	(0.12) *	0.46	(0.25) †	0.15	(0.13)
定数項	1.25	(0.72) †	-0.36	(1.42)	1.95	(0.81) *
サンプルサイズ	814		242		572	
AIC	3442.02		1027.70		2425.12	
Loglikelihood	-1712.01		-504.85		-1203.56	

註：1）**，*，† は，それぞれ1％，5％，10％有意水準で有意であることを表す。
　　2）推定値の標準誤差はブートストラップ法（繰り返し回数1,000回）による。

5．結論

　本稿では，モニター調査結果を利用し，買い物サービスの利用が食品摂取
の多様性に及ぼす影響について分析を行った。その結果以下の点が明らかと
なった。

　第一に，地理的特性の影響を考慮した上でも，家族人数が多い世帯や山間
農業地域で買い物サービスが利用されており，宅配や移動販売等の買い物サ
ービスが広く普及していることがうかがえた。このことは中山間地域におけ
る移動販売の事例分析と整合的である。ただ，買い物において不便ありとす
る人の買い物サービス利用率はおよそ 5 割であり，移動販売も事業の採算性
や継続性など抱える課題は少なくない。こうした問題の解決には，フードチ
ェーンを構成する各主体間や行政との協力によって買い物サービスを継続的
に利用できる（あるいは利用しやすい）環境を構築することが今後求められ
てくるであろう。

　第二に，買い物における不便があっても買い物サービスを利用することに
より食品摂取の多様性が維持されている群の存在が確認された。これは先行
研究では看過されてきた事実であり，食料品アクセス問題において買い物サ
ービス利用の実態を考慮することの重要性が示された。これまで，宅配や移
動販売事業などの買い物サービス利用の実態についての全国規模の調査は乏
しく現状の把握は困難であった。そのような中，モニター調査を用いた本稿
の貢献は十分に大きいといえるであろう（註14）。

　第三に，食品摂取の多様性得点を構成する個別の食品群に着目すると，買
い物に不便があるとする高齢者において，買い物サービス利用者と非利用者

（註14）サンプルセレクションが想定できるがこれらは多様性得点の上方バイアス
　　　であり，相対的に豊かな食生活を送っていることが予想される。すなわち，
　　　豊かな食生活においても，買い物サービス利用によって生じる食品摂取の多
　　　様性得点の差が確認できたとも解釈ができる。

の間で緑黄色野菜の摂取頻度に顕著な差が見られたことである。緑黄色野菜は食料品の中では相対的に嵩があり重量が重く運びにくいことから，買い物サービスを利用して購入していることが示唆される。緑黄色野菜の摂取という観点からすると，例えば農産物直売所による移動販売への参入の余地も十分にある。経済的要因も食品摂取の多様性得点の低さに影響を与えていたことを考慮するならば，新鮮な地場産野菜を安価で提供できることは農産物直売所の強みである。生産者や消費者の地域における交流の場ともなり得る農産物直売所が食料品アクセス問題に取り組む意義は大きい。すでに買い物支援に取り組んでいる農産物直売所も散見され，今後の動向に注目したい。

［付記］
　本章は，菊島・高橋（2018）を再構成し，加筆・修正したものである。

引用文献

Aggarwal A, Cook AJ, Jiao J, Seguin RA, Vernez Moudon A, Hurvitz PM, Drewnowski A. (2014) Access to supermarkets and fruit and vegetable consumption *American Journal of Public Health* 104（5）: 917-923. https://doi.org/10.2105/AJPH.2013.301763

Bilgic, A, Yen, ST. (2013) Household food demand in Turkey: A two-step demand system approach *Food Policy* 43: 267-277. https://doi.org/10.1093/erae/jbm011

Bodor JN, Rose D, Farley TA, Swalm C, Scott SK. (2008) Neighbourhood fruit and vegetable availability and consumption: the role of small food stores in an urban environment *Public Health Nutrition* 11（4）: 413-420. https://doi.org/10.1017/S1368980007000493

房安功太郎・佐藤豊信・駄田井久（2013）「移動販売による中山間地域の買い物弱者支援の継続に向けた方策：岡山県真庭市S地域を対象として」『日本農業経済学会論文集』:189-196。

Greene, W. H. (2012) *Econometric Analysis 7th edition*, Prentice Hall.

本田亜利紗・中嶋晋作・大浦裕二・河野恵伸（2016）「日本国内におけるサラダと生鮮野菜の代替・補完関係：「家計調査」個票による需要体系分析からの接近」『農業経営研究』54（3）: 15-27。https://doi.org/10.11300/fmsj.54.3_15

岩間信之・田中耕市・駒木伸比古・池田真志・浅川達人（2016）「地方都市におけ
る低栄養リスク高齢者集住地区の析出と移動販売車事業の評価—フードデザー
ト問題研究における買い物弱者支援事業の検討—」『地学雑誌』125（3）：583-
606。https://doi.org/10.5026/jgeography.125.583

菊島良介・高橋克也（2018）「食料品アクセス問題における買い物サービス利用が
食品摂取の多様性に及ぼす影響—農林水産情報交流ネットワーク事業全国調査
結果の分析—」『農林水産政策研究』29：29-42。http://doi.org/10.34444/00000010

熊谷修・渡辺修一郎・柴田博（2003）「地域在宅高齢者における食品摂取の多様性
と高次生活機能低下の関連」『日本公衆衛生雑誌』50（12）：1117-1124。
https://doi.org/10.11236/jph.50.12_1117

Sharkey JR, Johnson CM, Dean WR（2010）Food access and perceptions of the
community and household food environment as correlates of fruit and
vegetable intake among rural seniors, *BMC Geriatrics* 10: 32.
https://doi.org/10.1186/1471-2318-10-32

高橋愛典・竹田育広・大内秀二郎（2012）「移動販売事業を捉える二つの視点：ビ
ジネスモデル構築と買い物弱者対策」『商経学叢』58：435-459。

高橋克也（2017）「店舗までの距離が主観的アクセスに及ぼす影響—農林水産情報
交流ネットワーク事業・全国調査モニター調査による—」『食料品アクセス問題
の現状と課題—高齢者・健康・栄養・多角的視点からの検討』農林水産政策研
究所：75-88。

土屋哲・佐野可寸志（2011）「中山間地で移動販売者が担いうる社会サービスニー
ズに係る検討—長岡市山古志地域住民へのアンケート調査を通じて」『農村計画
学会誌』30：273-278。https://doi.org/10.2750/arp.30.273

薬師寺哲郎編（2015）『超高齢社会における食料品アクセス問題—買い物難民，買
い物弱者，フードデザート問題の解決に向けて—』ハーベスト社。

薬師寺哲郎・高橋克也（2013）「食料品のアクセス問題における店舗への近接性—
店舗までの距離の計測による都市と農村の比較—」『フードシステム研究』20(1)：
14-25。https://doi.org/10.5874/jfsr.20.14

Yen IH, Michael YL, Perdue L.（2009）Neighborhood environment in studies of
health of older adults: a systematic review *American Journal of Preventive
Medicine* 37（5）: 455-63. https://doi.org/10.1016/j.amepre.2009.06.022

吉葉かおり・武見ゆかり・石川みどり・横山徹爾・中谷友樹・村山伸子.（2015）「埼
玉県在住一人暮らし高齢者の食品摂取の多様性と食物アクセスとの関連」『日本
公衆衛生雑誌』62（12）：707-718。https://doi.org/10.11236/jph.62.12_707

Zenk SN, Lachance LL, Schulz AJ, Mentz G, Kannan S, Ridella W.（2009）
Neighbor-hood retail food environment and fruit and vegetable in-take in a
multi ethnic urban population *American Journal of Health Promotion* 23（4）:

255-264. https://doi.org/10.4278/ajhp.071204127

第 4 部

食料品アクセスと住民の健康

第10章
農山村における高年齢者の健康・食生活

山口 美輪

1．調査背景

　居住地での食料入手が困難な食料品アクセスの問題は，これまで「フード
デザート問題」として欧米で取り上げられ，低所得層の居住地において健康
的な食料品入手の困難さと肥満の増大との関連といった，食料品アクセスと
肥満との関連について研究が進められた（White 2007）。一方で，日本では
社会的弱者になりやすい高齢者を中心に食料品入手の困難さと健康への影響
について，欧米とは異なる状況下で社会問題として提起され始めた（岩間ら
2011）。

　栄養・食生活に関する生活習慣および社会環境の改善は,「健康日本　21（第
二次)」（厚生労働省 2013）において，国民の健康の増進に関する基本的な
目標の中でも重要項目のひとつとしてあげられた。超高齢社会を迎える日本
において健康寿命の延伸と社会的決定要因（註1）の違いによる集団間，及
び個人間の健康格差の縮小，健康を支えるための社会環境の整備は，生活の
質の向上と医療費削減を目指すうえで重要である。住民が健康な食行動をと
るために，社会環境のひとつである食環境の整備について実践的な政策の提
言へつなげるための科学的エビデンスを蓄積することが重要である。

　イギリスにおける先行研究では，地理情報システム（GIS）による所得や
地域別に居住地から野菜・果物の販売をする食料品店の距離を推定したとこ

（註1）健康の社会的決定要因とは，健康や疾病が生活習慣や遺伝要因だけでなく，
　　　社会的あるいは経済的要因によって強く影響されるとする考え方であり，集
　　　団や個人間での健康格差をもたらす大きな要因とされている（World Health
　　　Organization 2011）。

ろ，農村部では所得が低いほど食料品の入手が困難であることが報告された（Smith et al. 2010）。一方，日本では高齢者の住居の周辺（500m圏内）に生鮮食品店の店舗数が多いほど肥満と関連し，独居の場合はファストフード店の店舗数が多いほど肥満と関連していた報告がある（Hanibuchi et al. 2011）。

　これらを背景に，食料品アクセスに関する更なるエビデンスの蓄積が必要な点がいくつかある。ひとつめは，食料品アクセスと食生活との関連について，国内外ともに野菜・果物などの生鮮食品や食品摂取頻度に焦点をあてており，食料品アクセスと栄養素摂取量との関連を調べた報告はまだ少ない（Aggarwal et al. 2014; Pearce et al. 2008; 吉葉ら 2015）。2つめは，食料品アクセスについて主観的指標を用いて食事や健康との関連性を調べることの重要性が指摘されているが（Caspi et al. 2012），GISを用いた客観的指標のみを報告する研究がまだ多い。3つめは，食料品アクセスの健康への影響は高齢者が若年層よりも大きいと報告されている点である（Yen et al. 2009; 岩間ら 2011）。最後に，都市郊外への大型量販店などの出店によって，徒歩圏内の小売店での買い物が困難になる食料品アクセス問題と，過疎化が進んだ農山村地域の食料品アクセス問題とは社会的・地理的背景が大きく異なるため（薬師寺 2015），日本の農山村特有の食料品アクセスと食事との関連を調べる必要がある。そこで本研究では，農山村地域において，食料品アクセスに関連する調査項目に加えて栄養素摂取量を推定する項目を加え，高齢者における総エネルギー摂取量や各栄養素摂取量を推定し，60歳以上の高齢者（註2）における主観的な食料品アクセスと栄養素摂取量との関連を調べた結果を報告した。

（註2）60歳以上の高年齢者：高年齢者雇用安定法第8条より。

2．調査方法

1）対象者

　2010年より継続的な住民調査を行っている調査地の鳥取県日南町は，鳥取県南西部の山間部に位置する自治体である。2015年の総人口4,765人，65歳以上の高齢化率は49.2％であり，2010年と比較して人口増減率は-12.7％と県内でも人口減少の進んだ地域であった（**表1**）。調査は2015年11月に日南町の全戸2,113世帯において，調理を主に行う者を対象に「食生活についてのアンケート調査」と題して郵送調査を行った。このうち回答を得たのは520名（回答率24.6％）で，ここから性，年齢のデータの欠損者それぞれ11名，7名を除き，さらに60歳未満の者125名，総エネルギー摂取量の500kca/日未満の者3名，買い物の苦労の情報が不明の者6名を除外した。最終的には368名（男性106名，女性262名）を対象者として分析を行った。

2）主観的な食料品アクセス指標

　主観的な食料品アクセス指標として「あなたは普段，食料品の買い物で不便や苦労がありますか」の問いに対して「不便や苦労がある」または「不便や苦労を感じることがある」を「苦労あり」とし「不便や苦労はあまりない」

表1　調査地の概要

	日南町	参考・鳥取市
2015 年人口総数（人）	4,765	193,717
65 歳以上人口（%）	49.2	26.6
人口増減率（%）	-12.7	-1.9
可住地面積割合（%）	10.7	27.8
課税対象所得（万円）	403	2,096
販売農家数（戸）	676	4,214
小売事業所数（所）	53	1,383
飲食料品小売店数（所）	17	344

資料：総務省 統計局「政府統計の総合窓口（e-Stat）」
　　　https://www.e-stat.go.jp/SG1/estat/eStatTopPortal.do（2020 年 7 月有効）。
註：1）人口増減率は，2015 年／2010 年の比
　　2）課税対象所得は 2013 年調査、小売事業数は 2014 年調査
　　3）課税対象所得は千円以下を四捨五入した。

または「不便や苦労は全くない」を「苦労なし」とした。

3）栄養素摂取量の推定

　対象者の1日の栄養素摂取量を推定するために，食事摂取頻度調査（Food frequency questionnaire: FFQ）を行った。FFQの調査には簡易型自記式食事歴法質問票（Brief-type self-administered diet history questionnaire: BDHQ）を用いた（Kobayashi et al. 2011）。回答者から得た過去1か月の平均的な食習慣より，総エネルギー摂取量（kcal/日）と三大栄養素（蛋白質，脂質，炭水化物）の摂取量（g/日），総エネルギー摂取量に対する栄養素エネルギー比（% energy）を算出した。その他，食塩相当量（g/日），食物繊維（g/日），微量栄養素のカルシウム，マグネシウム，ビタミンC，ビタミンD，カリウム，鉄（mg/日）については総エネルギー摂取量を調整した残差法による値を用いた。また，食品群の摂取量については，魚介類，（鳥獣）肉類，野菜類，穀類（米，パン，麺類）の4種を用いて密度法による摂取量（g/1000kcal）を算出した。

4）食料品アクセス，栄養素摂取量に関連する変数

　体格指数に体重（kg）を身長（cm）の二乗で割るbody mass index（BMI）（kg/m^2）を用いた。BMIは18.5kg/m^{2}未満の低体重と25.0kg/m^{2}以上の過体重を基準に3つのカテゴリーとした（Bailey et al. 1995）。内臓脂肪量を推測する腹囲（cm）は，紙製メジャーを同封して対象者に計測を依頼した。腹囲は，男性90cm以上，女性80cm以上を基準に2つのカテゴリーとした（International Diabetes Federation 2006）。また，高齢者の自立度を評価する目的として，「老研式活動能力指標」を用いて手段的日常生活動作（Instrumental Activities of Daily Living: IADL）を65歳以上の対象者について評価した（Koyano et al. 1991）。IADLは，得点が高いほど高齢者の日常的な生活の自立度が高いことを意味する。IADLは得点を中央値で2つのカテゴリーに分けた。余暇の運動習慣については，ウォーキング，ジョギン

グ，ゴルフなど軽度-中程度の運動の頻度（ほどんとない，1-4回/週，5回/週以上）を用いた。同様の頻度で1日30分以上の歩行についても回答を得た。

　対象者の健康・疾患に関わる項目として，食事療養の有無（している，していない）や，主観的健康感（普通－良い，やや悪い－悪い）を用いた。主観的健康感は死亡との強い関連が言われており，心理的または社会経済的な状況や日常生活要因と関連することが指摘されている（Idler et al. 1997; Molarius et al. 2007）。社会経済的特徴を示す変数には，食費（万円/月/人），就業状況（フルタイム・パートタイム，自営業（農業など），退職またはその他）を採用した。また食事する相手（誰かと一緒，ひとり），家族構成（ひとり暮らし，ふたり，3人以上）のふたつは，世帯構成を把握する変数として用いた。日常的な買い物の状況を調べるためには，店舗までの移動時間(分/片道)，店舗までの交通手段（歩行・自転車，自動車・バイク，バス・その他）を用いた。また，栄養素摂取量以外の食生活の状況を確認するため，食事の準備（生鮮食品など食材を調理する，冷凍食品など加工品を利用する，惣菜を購入する，弁当を購入する，外食を利用する）について「ほとんどない」「週1回以上」の利用頻度を変数に設定した。買い物苦労がある者のみ，苦労の理由を「居住地から店舗までの遠さ」「身体的理由」「交通アクセスの悪さ」「サポートがない」「店の品揃えの悪さ」「その他」の複数回答で回答を得た。なお，食費と店舗までの移動時間は三分位でカテゴリー化した。

5）統計分析

　カテゴリー変数について，買い物苦労の有無別の割合をchi-square testで検定した。年齢（歳），BMI（kg/m²），腹囲（cm），IADL（得点），食費（万円/月/人），店舗までの移動時間（分/片道）の連続変数については，分布の偏りから買い物苦労の有無との差をWilcoxon rank sum testで検定した。

　栄養素，食品摂取量については，正規分布に近似させるために対数変換して分析した。結果の値は幾何平均（幾何平均 · 幾何標準誤差，幾何平均＋幾何標準誤差）で示した。

　買い物苦労の有無を独立変数に各栄養摂取量や栄養素エネルギー比との関連について共分散分析を行った。このモデルでは，年齢（60-64，65-74，75-79，80＋歳），BMI（kg/m^2）（＜18.5，18.5-24.9，25＋），食費（万円/人/月）（男性＜2.5，2.5-4.9，5.0＋；女性＜2.2，2.2-3.2，3.3＋），食事療養（している，していない），余暇の運動頻度（回/週）（ほとんどない，1-4，5＋）を共変量に加えた。

　共変量の欠損値はひとつの変数として用い，すべてカテゴリー変数として用いた。有意水準は両側検定の0.05とした。15項目の栄養素量と栄養素エネルギー比と6種の食品群を用いて買い物苦労との関連を分析したため，Bonferroni補正した際の有意水準は0.002（α＝0.05/21）とした。

3．結果

　主観的な食料品アクセスを買い物苦労の有無で分けた，身体的・社会経済的特徴を男女別に示す（表2，3）。男女ともに，主観的健康感，店舗までの移動時間に買い物苦労の有無別で有意な違いがみられた。主観的健康感は「やや悪い－悪い」の割合が買い物苦労を感じる者に多かった。店舗までの移動時間は，割合，連続変数ともに有意な違いがみられ，男女とも買い物苦労ありの20分の方が苦労なしの15分よりも5分長かった。男性においては，就業状況に買い物苦労の有無別で有意な違いがみられ，「退職またはその他」の割合が苦労なしの約4割に対し，苦労ありは約7割と高かった。女性では，年齢は買い物苦労ありの中央値75歳が苦労なしよりも5歳年齢が有意に高かった。女性における買い物苦労ありのIADLは（中央値12：四分位範囲11，13），苦労なし（13：12，13）よりも有意に低かった。食事する相手や家族構成の割合が買い物苦労の有無で有意に異なり，買い物苦労ありのひとりで食べる割合（37.4％）や，ひとり暮らしの割合（33.8％）が苦労なしのこれらの割合（それぞれ17.9％）よりも高かった。女性における店舗までの交通手段について，買い物苦労の有無で割合が有意に異なり，公共交通機関のバ

表 2　記述統計（男性）

	苦労なし（n=67）		苦労あり（n=39）		
	n（%）	中央値 （四分位範囲）	n（%）	中央値 （四分位範囲）	P 値
年齢（歳）	67	74（64,80）	39	74（66,82）	0.194
60-64	19（28.4）		7（18.0）		0.197
65-74	17（25.4）		13（33.3）		
75-79	14（20.9）		4（10.3）		
80+	17（25.4）		15（38.5）		
Bodymassindex（kg/m²）	67	22.2（20.1,24.3）		22.6（20.8,25.4）	0.831
<18.5（低体重）	4（6.0）		1（2.6）		0.483
18.5-24.9	48（71.6）		27（69.2）		
25+（過体重）	15（22.4）		10（25.6）		
不明	0（0）		1（2.6）		
腹囲（cm）		85（81,90）		89（84,95）	0.103
≥90cm,	20（29.9）		18（46.2）		0.152
<90cm	41（61.2）		20（51.3）		
不明	6（9.0）		1（2.6）		
IADL	48	12（11,13）	32	12（10,13）	0.387
<12	17（29.2）		14（35.9）		0.364
12+（高い）	31（46.3）		18（46.2）		
不明	19（28.4）		7（18.0）		
（軽度-中程度）余暇の運動（回/週）					
ほとんどない	35（52.2）		22（56.4）		0.305
1-4	21（31.3）		9（23.1）		
5+	8（11.9）		8（20.5）		
不明	3（4.5）		0（0）		
1 日 30 分以上の歩行（回/週）					
ほとんどない	11（16.4）		9（23.1）		0.771
1-4	25（37.3）		13（33.3）		
5+	29（43.3）		15（38.5）		
不明	2（3.0）		2（5.1）		
食事療養					
している	8（11.9）		3（7.7）		0.576
していない	53（79.1）		34（87.2）		
不明	6（9.0）		2（5.1）		
主観的健康感					
普通-良い	52（77.6）		19（48.7）		0.002
やや悪い-悪い	15（22.4）		20（51.3）		
不明	0（0）		0（0）		
食費（万円/月/人）	64	2.5（1.5,5.0）	38	3.0（2.0,5.0）	0.084
<2.5	29（43.2）		10（25.6）		0.222
≥2.5and<5.0	17（25.4）		16（41.0）		
5.0+	18（26.9）		12（30.8）		
不明	3（4.5）		1（2.6）		
就業状況					
フルタイム・パートタイム	14（20.9）		3（7.7）		0.024
自営業（農業など）	21（31.3）		7（18.0）		
退職またはその他	30（44.8）		29（74.4）		
不明	2（3.0）		0（0）		
食事する相手					
誰かと一緒	25（37.3）		18（46.2）		0.409
ひとり	40（59.7）		21（53.9）		
不明	2（3.0）		0（0）		
家族構成					
ひとり暮らし	19（28.4）		14（35.9）		0.244
ふたり	28（41.8）		19（48.7）		
3 人以上	20（29.9）		6（15.4）		
不明	0（0）		0（0）		
店舗までの移動時間（分/片道）	67	15（12,20）	38	20（15,30）	0.004
<20	36（53.7）		10（25.6）		0.019
≥20and<25	17（25.4）		12（10.8）		
25+	14（20.9）		16（41.0）		
不明	0（0）		1（2.6）		
店舗までの交通手段					
歩行・自転車	3（4.5）		5（12.8）		0.066
自動車・バイク	62（92.5）		32（82.1）		
バス・その他	0（0）		2（5.1）		
不明	2（3.0）		0（0）		

註：P 値,買い物苦労あり，苦労なしのカテゴリー変数の割合の違いについては，chi-square test を使用
　　し，連続変数の違いについては Wilcoxon rank sum test で検定を行った。太字は P-value<0.05

表3　記述統計（女性）

	苦労なし（n=123）		苦労あり（n=139）		
	n（%）	中央値 （四分位範囲）	n（%）	中央値 （四分位範囲）	P値
年齢（歳）	123	70（65,77）	139	75（67,80）	0.011
60–64	25（20.3）		26（18.7）		0.013
65–74	54（43.9）		40（28.8）		
75–79	23（18.7）		27（19.4）		
80+	21（17.1）		46（33.1）		
Bodymassindex（kg/m²）	121	21.6（19.7,23.4）	136	21.7（19.7,24.4）	0.661
<18.5（低体重）	12（ 9.8）		18（13.0）		0.387
18.5–24.9	91（74.0）		89（64.0）		
25+（過体重）	18（14.6）		29（20.9）		
不明	2（ 1.6）		3（ 2.2）		
腹囲（cm）	115	85（80,90）	124	85（79,90）	0.889
≥80cm	30（24.4）		34（24.5）		0.460
<80cm	85（69.1）		90（64.8）		
不明	8（ 6.5）		15（10.8）		
IADL	97	13（12,13）	111	12（11,13）	0.006
<13	42（34.2）		62（44.6）		0.192
13+（高い）	55（44.7）		49（35.3）		
不明	26（21.1）		28（20.1）		
（軽度-中程度）余暇の運動（回/週）					
ほとんどない	50（40.7）		59（42.5）		0.641
1–4	42（34.2）		48（34.5）		
5+	27（22.0）		24（17.3）		
不明	4（ 3.3）		8（ 5.8）		
1日30分以上の歩行（回/週）					
ほとんどない	13（10.6）		28（20.1）		0.136
1–4	44（35.8）		47（33.8）		
5+	61（49.6）		56（40.3）		
不明	5（ 4.1）		8（ 5.8）		
食事療養					
している	24（19.5）		19（13.7）		0.431
していない	96（78.1）		117（84.2）		
不明	3（ 2.4）		3（ 2.2）		
主観的健康感					
普通–良い	105（85.4）		94（67.6）		0.003
やや悪い–悪い	18（14.6）		44（31.7）		
不明	0（ 0）		1（ 0.7）		
食費（万円/月/人）	111	2.3（1.6,3.0）	139	2.5（1.8,3.0）	0.465
<2.2	53（43.1）		36（40.3）		0.714
≥2.2and<3.3	32（26.0）		27（25.9）		
3.3+	26（21.1）		20（19.4）		
不明	12（ 9.8）		20（14.4）		
就業状況					
フルタイム・パートタイム	21（17.1）		23（16.6）		0.992
自営業（農業など）	20（16.3）		22（15.8）		
退職またはその他	75（61.0）		87（62.6）		
不明	7（ 5.7）		7（ 5.0）		
食事する相手					
誰かと一緒	100（81.3）		85（61.2）		0.002
ひとり	22（17.9）		52（37.4）		
不明	1（0.81）		2（ 1.4）		
家族構成					
ひとり暮らし	22（17.9）		47（33.8）		0.010
ふたり	54（43.9）		57（41.0）		
3人以上	47（38.2）		34（24.5）		
不明	0（ 0）		1（0.72）		
店舗までの移動時間（分/片道）	120	15（6,20）	132	20（10,30）	<0.001
<12	50（40.7）		38（27.5）		0.003
≥12and<20	28（22.8）		18（13.0）		
20+	42（34.2）		76（54.7）		
不明	3（ 2.4）		7（ 5.0）		
店舗までの交通手段					
歩行・自転車	15（12.2）		10（ 7.2）		<0.001
自動車・バイク	105（85.4）		94（67.6）		
バス・その他	3（ 2.4）		32（23.0）		
不明	0（ 0）		3（ 2.2）		

註：P値，買い物苦労あり，苦労なしのカテゴリー変数の割合の違いについては，chi-square test を使用し，連続
変数の違いについては Wilcoxon rank sum test で検定を行った．太字は P-value<0.05

表4　食生活の特徴，買い物苦労の理由

	男性			女性		
	苦労なし (n=67)	苦労あり (n=39)		苦労なし (n=123)	苦労あり (n=139)	
	n（%）	n（%）	P値	n（%）	n（%）	P値
食事の準備						
生鮮食品など食材を調理する						
ほとんどない	12（17.9）	10（25.6）	0.378	5（4.1）	5（3.6）	0.090
週1回以上	53（79.1）	29（74.4）		117（95.1）	126（90.7）	
不明	2（3.0）	0（0）		1（0.8）	8（5.8）	
冷凍食品など加工品を利用する						
ほとんどない	20（29.9）	9（23.1）	0.629	43（35.0）	42（30.2）	0.715
週1回以上	42（62.7）	28（71.8）		76（61.8）	92（66.2）	
不明	5（7.5）	2（5.1）		4（3.3）	5（3.6）	
惣菜を購入する						
ほとんどない	22（32.8）	15（38.5）	0.816	72（58.5）	63（45.3）	**0.055**
週1回以上	42（62.7）	22（56.4）		47（38.2）	65（47.8）	
不明	3（4.5）	2（5.1）		4（3.3）	11（7.9）	
弁当を購入する						
ほとんどない	49（73.1）	28（71.8）	0.942	113（91.9）	113（81.3）	**0.046**
週1回以上	14（20.9）	8（20.5）		5（4.1）	13（9.4）	
不明	4（6.0）	3（7.7）		5（4.1）	13（9.4）	
外食を利用する						
ほとんどない	50（74.6）	24（61.5）	0.356	103（83.7）	117（84.2）	0.274
週1回以上	13（19.4）	12（30.8）		14（11.4）	10（7.2）	
不明	4（6.0）	3（7.7）		6（4.9）	12（8.6）	
買い物苦労の理由						
居住地から店舗までの遠さ	-	8（20.5）		-	23（16.6）	
身体的理由	-	7（18.0）		-	32（23.0）	
交通アクセスの悪さ	-	7（18.0）		-	24（18.0）	
サポートがない	-	8（20.5）		-	25（18.3）	
店の品揃えの悪さ	-	8（20.5）		-	19（13.7）	
その他	-	1（2.6）		-	14（10.1）	
不明	-	0（0）		-	2（1.4）	

註：P値，買い物苦労あり，苦労なしのカテゴリー変数の割合の違いについては，chi-square test を使用し，連続変数の違いについては Wilcoxon rank sum test で検定を行った。太字は P-value<0.05

スやその他を利用している者の割合が23.0％であり，買い物苦労なしの2.4％よりも高かった。

　表4では，主観的な買い物苦労の有無別に食生活と買い物苦労の理由を示す。女性における食事の準備について，惣菜や弁当を購入することが週1回以上である割合が買い物苦労ありでは高かった。買い物苦労の理由として，男性においてはどの項目も同等の割合であったが，女性では身体的理由の割合が高く，サポートがない，交通アクセスの悪さ，そして居住地から店舗までの遠さ，店の品ぞろえの悪さの順に続いた。

　表5では，栄養素摂取量，栄養素エネルギー比，そして6つの食品群別の

表 5　買い物苦労の有無と栄養素・食品群別摂取量との関連

	男性			女性		
	苦労なし (n=67)	苦労あり (n=39)	P値	苦労なし (n=123)	苦労あり (n=139)	P値
総エネルギー摂取量 (kcal/日)	1,911 (1,811, 1,994)	1,665 (1,562, 1,775)	0.113	1,714 (1,662, 1,767)	1,677 (1,630, 1,726)	0.616
栄養素						
蛋白質 (g/日)	73 (68.8, 77.4)	61.8 (57.2, 66.8)	0.102	71.0 (68.1, 74.0)	70.3 (67.6, 73.1)	0.865
蛋白質エネルギー比 (%energy)	15.4 (14.9, 15.8)	14.8 (14.3, 15.4)	0.486	16.6 (16.3, 16.9)	16.8 (16.5, 17.1)	0.655
脂質 (g/日)	46.2 (43.1, 49.6)	35.0 (31.8, 38.4)	**0.022**	45.3 (43.3, 47.3)	44.4 (42.6, 46.3)	0.759
脂質エネルギー比 (%energy)	21.9 (21.1, 22.8)	18.9 (17.9, 19.9)	**0.026**	23.8 (23.2, 24.3)	23.8 (23.3, 24.4)	0.942
炭水化物 (g/日)	256 (245, 268)	248 (234, 264)	0.680	243 (236, 250)	234 (228, 240)	0.328
炭水化物エネルギー比 (%energy)	54.0 (53.0, 55.0)	59.6 (58.1, 61.1)	**0.002**	56.8 (56.0, 57.5)	55.8 (55.1, 56.5)	0.345
食塩相当量 (g/日)	11.7 (11.3, 12.1)	11.9 (11.4, 12.5)	0.723	11.1 (10.9, 11.4)	10.7 (10.5, 10.9)	0.125
食物繊維 (g/日)	11.2 (10.8, 11.7)	11.0 (10.4, 11.7)	0.779	14.0 (13.6, 14.4)	13.4 (13.1, 13.7)	0.228
カルシウム (mg/日)	547 (521, 573)	536 (503, 571)	0.804	604 (587, 621)	617 (600, 633)	0.598
マグネシウム (mg/日)	249 (242, 256)	248 (238, 257)	0.917	274 (269, 280)	269 (264, 273)	0.420
ビタミン C (mg/日)	107 (100, 114)	97.8 (89.8, 107)	0.415	151 (145, 158)	142 (137, 148)	0.283
ビタミン D (mg/日)	16.9 (15.6, 18.4)	14.7 (13.1, 16.4)	0.320	16.3 (15.5, 17.2)	18.1 (17.2, 19.0)	0.158
カリウム (mg/日)	2,429 (2,341, 2,520)	2336 (2,224, 2,453)	0.540	2,907 (2,837, 2,978)	2,805 (2,742, 2,870)	0.299
鉄 (mg/日)	7.2 (7.0, 7.5)	7.2 (6.8, 7.5)	0.864	8.1 (7.9, 8.3)	8.0 (7.8, 8.2)	0.623
食品群						
魚介類 (g/1,000kcal)	4.5 (4.1, 4.9)	4.2 (3.7, 4.8)	0.710	4.9 (4.7, 5.2)	5.3 (5.0, 5.5)	0.317
鳥獣肉類 (g/1,000kcal)	3.1 (2.8, 3.5)	3.8 (3.5, 3.3)	0.663	4.1 (3.9, 4.4)	3.8 (3.5, 4.0)	0.285
野菜類 (g/1,000kcal)	6.1 (5.6, 6.7)	6.3 (5.6, 7.2)	0.819	10.0 (9.6, 10.5)	9.7 (9.3, 10.1)	0.615
米類 (g/1,000kcal)	87.9 (81.3, 95.1)	134 (120, 149)	**0.003**	87.2 (81.8, 92.9)	93.0 (87.5, 98.7)	0.474
パン類 (g/1,000kcal)	4.2 (3.5, 5.1)	5.2 (4.0, 6.6)	0.536	7.0 (6.3, 7.9)	7.8 (7.9, 8.7)	0.502
麺類 (g/1,000kcal)	2.6 (2.3, 3.0)	3.1 (2.6, 3.7)	0.453	2.4 (2.2, 2.6)	1.7 (1.6, 1.9)	**0.010**

註：1）調整した幾何平均（幾何平均−幾何標準誤差,幾何平均+幾何標準誤差）
2）太字は P値<0.05
3）P値<0.002（Bonferroni 補正 α=0.05/21）は見られなかった。
4）以下の共変量を設定し、買い物苦労の有無を独立変数に各栄養摂取との関連について共分散分析を行った：年齢（歳）（60-64、65-74、75-79、80+）、bodymassindex (kg/m²)（<18.5、18.5-24.9、25+、不明）、食費（万円/人/月）（<2.2、2.2-3.2、3.3+、不明）、食事療養（している、していない、不明）、余暇の運動頻度（回/週）（ほとんどない、1-4、5+、不明）

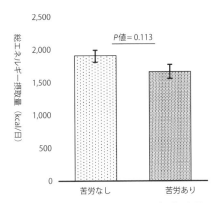

図1　苦労有無別・総エネルギー摂取量（男性）

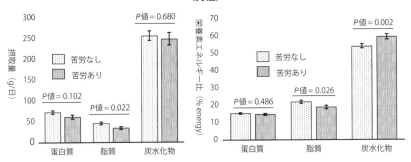

図2　苦労有無別・三大栄養素摂取量（左）と栄養素エネルギー比（右）（男性）

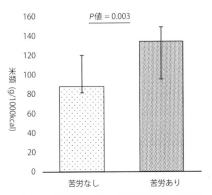

図3　苦労有無別・米類摂取量（男性）

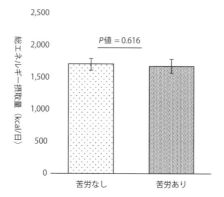

図4 苦労有無別・総エネルギー摂取量（女性）

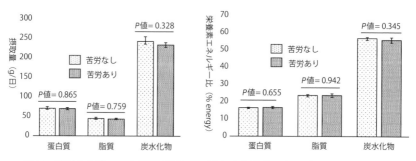

図5 苦労有無別・三大栄養素摂取量（左）と栄養素エネルギー比（右）（女性）

摂取量の買い物苦労の有無別に男女それぞれ示す。

　男性では，総エネルギー摂取量の調整平均（kcal/日）に統計的有意性はみられなかったが，苦労ありが苦労なしより総エネルギー摂取量が少ない傾向にあった（**表5，図1**）。男性において，買い物苦労がありは苦労なしと比べて脂質（g/日），脂質エネルギー比（% energy）が有意に低かった（**表5，図2**）。一方で，炭水化物エネルギー比（% energy）においては，買い物苦労ありは，苦労なしよりも有意に高かった。食品群別にみると，米類の摂取量（g/1,000kcal）は買い物苦労ありの方が有意に多かった（**表5，図3**）。

　女性では，買い物苦労の有無で総エネルギー摂取量（kcal/日）の有意差はみられなかったが，男性と同様に苦労ありが苦労なしよりも総エネルギー摂取量は少ない傾向にあった（**表5**，**図4**）。三大栄養素やその他の栄養素摂取量においては買い物苦労ありと苦労なしとの間に有意な差はみられなかった（**表5**，**図5**）食品群については，買い物苦労ありの麺類（g/1,000kcal）が苦労なしより有意に少なかった。

　食塩相当量（g/日），食物繊維（g/日），微量栄養素（mg/日）については，男女とも買い物苦労ありと苦労なしとの間に有意な差は認められなかった（**表5**）。

4．考察

　本調査により，農山村地域の60歳以上の男性において主観的な食料品アクセスを評価した買い物苦労の有無と栄養素摂取量との関連が明らかになった。具体的には，買い物苦労ありの脂質摂取量（g/日），脂質エネルギー比（% energy）が苦労なしより有意に低く，反対に炭水化物エネルギー比（% energy）は買い物苦労ありが苦労なしより有意に高かった。

　本結果から，買い物苦労の有無で分けた身体的，社会経済的特徴や食習慣についての特徴が男女とも異なることが分かった。今回，買い物苦労の有無とBMIや腹囲などの体格指標，余暇の運動や30分以上の歩行の頻度など身体活動量との間に男女とも有意な関連はみられなかったが，女性では苦労ありが苦労なしよりIADLが有意に低かった。加えて，苦労ありでは高齢層の割合が有意に高く，女性における高齢層のフレイル（虚弱）が主観的な食料品アクセスの困難さに関わっている可能性がある。男女共通の特徴として，買い物苦労ありの主観的健康感の悪さの割合が苦労なしより有意に高かった事があげられる。主観的な食料品アクセスの評価は心理的，社会経済的特徴や日常生活要因の中に含まれ，主観的健康感に関連する重要な項目のひとつと考えられる。男性においては，買い物苦労ありに退職者（またはその他）の

割合が高く，有意な関連はなかったが，男女とも苦労ありが苦労なしより食費の負担が大きい傾向にあった。これらより，社会経済的な困難さは主観的な食料品アクセスの悪さと関連する可能性が考えられる。

　買い物苦労と社会経済的特徴との関連については，苦労ありの移動時間の違いは苦労なしより約5分長く，特に女性においては交通手段が公共交通機関の利用の割合が苦労ありにおいて高く，自動車・バイクの利用が低かったことを加味すると，限られた交通手段と移動時間の長さは買い物苦労を感じる原因のひとつになっている可能性がある。

　総エネルギー摂取量と三大栄養素の調整平均値は，買い物苦労ありとなしの双方とも日本人の食事摂取基準（2015年版）（厚生労働省 2015）の目標値基準内であったため，今回の横断調査では買い物苦労ありとなしとも疾患リスクの高い食事を摂っている可能性は低いと考えられる。食事摂取量と主観的な食料品アクセスとの関連について，60歳以上の男性において買い物苦労ありの場合，苦労なしと比較して脂質摂取量やそのエネルギー比が低く，さらに米飯を中心とした主食の割合が高いことが本結果から読み取れた。農山村地域では，米類は比較的入手し易く，また長期保存も可能である。米飯は調理が簡単なため買い物に苦労する高齢男性で利用しやすいことが，炭水化物エネルギー比が高かった要因のひとつと考えられる。統計的有意性は認められなかったが，男性における総エネルギー摂取量は苦労ありの場合が苦労なしより低く，これらは脂質や蛋白質，炭水化物の摂取量の低さが総エネルギー摂取量の低さに反映していると考えられる。

　一方の女性においては，総エネルギー摂取量や栄養素摂取量に差はみられず，食品群では買い物苦労なしで麺類が有意に多い結果となったが，苦労ありとの差は1,000kcalあたり0.7g程度とごくわずかであった。実際に購入する惣菜や弁当の献立内容は今回の調査では不明であるが，惣菜や弁当を週1回以上購入することで苦労なしと同様な食事バランスになり，買い物苦労の有無で有意差がみられなかった可能性が考えられる。ただし，買い物苦労ありの特徴でみられたフレイルの進行や，食費の負担，交通手段の不便を伴いソ

ーシャルサポートが受けられない状況になった場合，栄養素摂取量や健康にどのような影響が起きるか長期的観察が必要である。

　結語に，本調査によって60歳以上の男性において主観的な食料品アクセスの悪さは脂質摂取量と脂質エネルギー比が低く，反対に炭水化物エネルギー比は高くなることを明らかにした。

[付記]
本章は，山口（2017）を再構成し，加筆・修正したものである。

[引用文献]

Aggarwal A, Cook AJ, Jiao J, Seguin RA, Vernez Moudon A, Hurvitz PM, Drewnowski A（2014）Access to supermarkets and fruit and vegetable consumption *American Journal of Public Health* 104（5）: 917-923. https://doi.org/10.2105/AJPH.2013.301763

Bailey KV, Ferro-Luzzi A.（1995）Use of body mass index of adults in assessing individual and community nutritional status *Bulletin of the World Health Organization* 73（5）: 673-680.https://apps.who.int/iris/handle/10665/45143

Caspi CE, Sorensen G, Subramanian SV, Kawachi I（2012）The local food environment and diet: a systematic review *Health Place* 18（5）: 1172-1187. https://doi.org/10.1016/j.healthplace.2012.05.006

Hanibuchi T, Kondo K, Nakaya T, Nakade M, Ojima T, Hirai H, Kawachi I（2011）Neighborhood food environment and body mass index among Japanese older adults: results from the Aichi Gerontological Evaluation Study（AGES）*International Journal of Health Geographics* 10: 43. https://doi.org/10.1186/1476-072X-10-43

Idler EL, Benyamini Y（1997）Self-rated health and mortality: a review of twenty-seven community studies *Journal of Health and Social Behavior* 38（1）: 21-37. 10.2307/2955359

International Diabetes Federation（2006）*The IDF consensus worldwide definition of the metabolic syndrome* 1-16. International Diabetes Federation, Brussels.

岩間信之編著（2011）『フードデザート問題─無縁社会が生む「食の砂漠」』農林統計協会。

Kobayashi S, Murakami K, Sasaki S, Okubo H, Hirota N, Notsu A, Fukui M, Date

C（2011）Comparison of relative validity of food group intakes estimated by comprehensive and brief-type self-administered diet history questionnaires against 16 d dietary records in Japanese adults *Public Health Nutrition* 14（7）: 1200-1211. https://doi.org/10.1017/S1368980011000504

厚生労働省（2013）「健康日本21（第二次）」http://www.mhlw.go.jp/bunya/kenkou/dl/kenkounippon21_01.pdf（2017年　5月閲覧）。

厚生労働省（2015）「日本人の食事摂取基準（2015年版）」http://www.mhlw.go.jp/stf/seisakunitsuite/bunya/kenkou_iryou/kenkou/eiyou/syokuji_kijyun.html（2020年 3 月閲覧）。

Koyano W, Shibata H, Nakazato K, Haga H, Suyama Y（1991）Measurement of competence: reliability and validity of the TMIG Index of Competence *Archives of Gerontology and Geriatrics* 13（2）: 103-116. https://doi.org/10.1016/0167-4943(91)90053-S

Molarius A, Berglund K, Eriksson C, Lambe M, Nordström E, Eriksson HG, Feldman I（2007）Socioeconomic conditions, lifestyle factors, and self-rated health among men and women in Sweden *European Journal of Public Health* 17（2）: 125-33. https://doi.org/10.1093/eurpub/ckl070

Pearce J, Hiscock R, Blakely T, Witten K（2008）The contextual effects of neighbourhood access to supermarkets and convenience stores on individual fruit and vegetable consumption *Journal of Epidemiology and Community Health* 62（3）: 198-201. http://dx.doi.org/10.1136/jech.2006.059196

Smith DM, Cummins S, Taylor M, Dawson J, Marshall D, Sparks L, Anderson AS（2010）Neighbourhood food environment and area deprivation: spatial accessibility to grocery stores selling fresh fruit and vegetables in urban and rural settings *International Journal of Epidemiology* 39（1）: 277-284. https://doi.org/10.1093/ije/dyp221

White M.（2007）Food access and obesity *Obesity Reviews* 8（1）: 99-107. https://doi.org/10.1111/j.1467-789X.2007.00327.x

World Health Organization（2011）*World Conference on Social Determinants of Health*, 19-21 October 2011. https://www.who.int/sdhconference/declaration/Rio_political_declaration.pdf?ua=1（2020年 8 月閲覧）.

Yen IH, Michael YL, Perdue L（2009）Neighborhood environment in studies of health of older adults: a systematic review *American Journal of Preventive Medicine* 37（5）: 455-463. https://doi.org/10.1016/j.amepre.2009.06.022

薬師寺哲郎編（2015）『超高齢社会における食料品アクセス問題-買い物難民，買い

物弱者，フードデザート問題の解決に向けて』ハーベスト社。

山口美輪（2017）「第2章 食料品アクセスと高齢者の健康・栄養」（農林水産政策研究所『食料品アクセス問題の現状と課題 −高齢者・健康・栄養・多角的視点からの検討−』食料供給プロジェクト【食料品アクセス】研究資料第3号）。

Yamaguchi M, Takahashi K, Kikushima R, Ohashi M, Ikegawa M, Yakushiji T, Yamada Y. The Association between Self-Reported Difficulty of Food Access and Nutrient Intake among Middle-Aged and Older Residents in a Rural Area of Japan *J Nutr Sci Vitaminol*（*Tokyo*）. 2018;64（6）：473-482. https://doi.org/10.3177/jnsv.64.473

吉葉かおり・武見ゆかり・石川みどり・横山徹爾・中谷友樹・村山伸子　（2015）「埼玉県在住一人暮らし高齢者の食品摂取の多様性と食物アクセスとの関連」『日本公衛誌』62（12）：707-718。https://doi.org/10.11236/jph.62.12_707

第11章

地方都市における高齢女性の食生活と健康
—中心市街地での食料品スーパー開店の影響—

大橋 めぐみ

1．はじめに

　食料品アクセス問題，フードデザート，買い物難民などの一連の研究から，国内においても居住地から店舗までの距離が遠く，買い物が困難な地域や住民が存在することや，それらがもたらす諸問題について多くの実証研究が蓄積されている（岩間 2013; 薬師寺 2015）（註1）。しかし，これまで国内において，食料品アクセス問題やフードデザート地区（以下，FDs）に居住することが，実際に住民の食生活や健康にどの様な影響を及ぼしているかについては，必ずしも十分な実証はされていない。

　FDsへの居住が食生活や健康に及ぼす影響については，岩間ら（2016）が，2000年代の研究レビューから，食料品スーパーの新規出店がFDsの住民の食生活に大幅な改善はもたらさなかった事例や（Wrigley N. et.al. 2003），個人商店の品揃えの拡大などの対策により住民の食生活に影響が及んでいない事例をあげ，少なくとも英国では食料品アクセスの低下が住民の食生活を阻

（註1）USDA（2009）では，米国のフードデザートを購入可能な栄養のある食料品へのアクセスが限られている地区で，特に低所得者の集住する地区と定義している。一方，岩間（2013）は，日本におけるフードデザートを，社会的弱者が集住し，商店街の消失などに伴う買い物環境の悪化と家族・地域コミュニティによる相互扶助体制の低下のいずれか，あるいは両方が生じたエリアと定義している。また，薬師寺（2015）は食料品アクセス問題はフードデザートと重なる概念としながらも，食料品の買い物において不便や苦労がある状況を食料品アクセス問題と定義している。フードデザートが地域・集団に，食料品アクセス問題は個人に焦点をあてた概念といえる。

害する主要因ではないことを指摘している。同様に，Fitzpatrick et al.（2016）は，自動車を所有しないFDs居住者の食品摂取には課題があるものの，明示的な影響は限定的であるとしている。一方，Thomsen et al.（2016）は，米国の小学校の大規模パネルデータを用いた時系列分析から，FDsでは子どものBMI（Body Mass Index）が増加することを実証した。ただし，BMIの増加量は非常に小さく，長期的に影響が蓄積されることで肥満になる可能性があることを指摘している。

　一方で，個人単位の分析で，食料品アクセスが健康に影響を及ぼす要因として扱う研究も散見される。村山（2014）や石川ら（2013）は，健康格差の要因に関する研究レビューから，欧米では食料品スーパーの近隣居住者は野菜・果物の摂取量が多くBMIが低いと指摘する一方で，国内においては食料品スーパーが近隣にある高齢者はBMIが高いなど，欧米とは逆の傾向がみられることを指摘している。また，吉葉ら（2015）は，一人暮らし高齢者を対象に，主観的な食料品アクセスと食品摂取の多様性に有意な関連があることを示している。ただし，食品摂取の多様性とGISを用いた店舗までの距離といった客観的な食料品アクセスとの有意な関連は示されていない。

　さらに，岩間ら（2015）は，地域と個人の影響に注目し，マルチレベル分析により高齢者の食生活の阻害要因を分析し，ソーシャルキャピタルの重要性を指摘している。ただし，事例地域の買い物環境が比較的良好であったため，食料品アクセスと食生活に直接的な相関は確認されていない。

　これらの一連の先行研究から得られる含意を述べると，FDs居住者のBMIなどの健康指標が良好でない傾向が確認されてきた。しかし，食生活や健康にはそれ以外の多様な要因が複雑に影響を及ぼしているため，FDs居住者の健康指標の低さが食料品アクセスに起因するものかは実証が難しい。さらに，食料品アクセスが食品摂取の制約となり，それが長期的に健康に悪影響を及ぼしているのかといった時系列の因果関係については十分実証されていない。Taylor R. and Villas-boas S. B.（2016）が指摘したように，FDsに居住することと健康の関連は検証されつつあるが，一方で食料品アクセスの変化が食

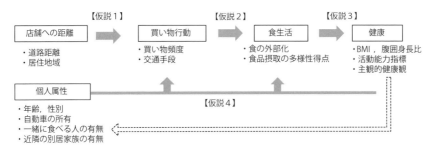

図 1　食料品アクセスが健康にあたえる影響の概念図

行動や健康にどのような影響を及ぼすかについての研究は十分ではない。

　これらの先行研究をふまえ，本稿では地域および個人の視点から，食料品アクセスと食生活や健康との関係について分析を行った。食料品アクセス問題は，店舗への距離だけではなく買い物行動や食生活，個人属性などの要因による繰り返す因果関係として健康に影響を及ぼしていると考えられる（図1）。このような複数の要因の影響を考慮しつつ，連鎖的な因果関係のモデルを検証する手法としては共分散構造分析が有効である（豊田編 2007; 山田ほか 2008）。これまで共分散構造分析を用いて食料品アクセス問題を扱った分析として，薬師寺（2015）による国内の高齢女性の主観的食料品アクセスと孤食化傾向，食の外部化指向，食品摂取の多様性の関係を分析した研究がある。また，Gustat et al.（2015）は米国において店舗への距離と自動車の利用，買い物頻度，生鮮食品の消費頻度との関係を報告している。本稿では，このような先行研究をふまえ，共分散構造分析を用い，食料品アクセスと個人の食生活や健康に関する指標について，要因間の関係や影響力の大きさについて分析を行った。

2．調査地域の概要と分析枠組

1）調査の概要

　本稿の調査地域は，新たな食料品スーパーが開店するなど，住民の食料品アクセスが大きく変化している福島県白河市の中心市街地である（**図2**）。同地区のほとんどはDID（人口集中地区）であり，2009年から中心市街地活性化基本計画に指定されている。「平成22年住民基本台帳」によると，2010年の同地区の世帯数は2,002世帯であったが，2015年には1,843世帯に減少している。一方，60歳以上人口比率でみると，2015年には白河市全体では30.0％であるのに対し，中心市街地では41.2％と高齢化が一層進んでいる。

　白河市の中心市街地は，旧城下町として奥州街道沿いに商店街が形成されていた。しかし，中心市街地は道路が狭く自動車の利用が不便なこともあり，郊外の幹線道路沿いに総合スーパー（以下，GMS）等の大型店が立地するなど，近年では中心市街地の空洞化が課題となっていた。特に，2002年にこれまで中心市街地の中心部にあったGMSの撤退後は，中心市街地に立地する食料品スーパーは西部にある生協のみとなっていた。そのため白河市は長期間にわたって中心市街地活性化に取り組んでおり，テナント誘致・整備や商店街活性化などの様々な事業を行ってきた。2011年には商業施設整備事業の一環として，中心市街地の東部に新たな食料品スーパーが出店することになった。

　こうした中，住民の買い物と食生活に関する実態把握をするため2010年と2015年の2回にわたり住民調査を実施した。すなわち，2010年は中心市街地の空洞化が最も深刻であった時期であり，2015年は新たな食料品スーパーが開店し食料品アクセスが大きく改善された時期にあたる。

　本調査は，調査地域である中心市街地の全世帯に質問票を配布し郵送で回収した。対象者は，普段買い物や食事の支度を行う人とし，2010年調査では有効回答数は886件（回収率44.3％）であった。2015年調査では，さらに食生活や健康に関する項目が追加され，健康に関する指標として主観的健康感

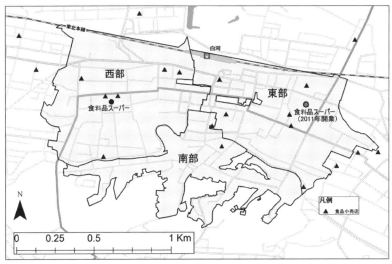

図2　調査対象地域

とともに，身長や体重に加え腹囲メジャーを同封して腹囲の測定を依頼する
など，より客観的なデータの把握を試みた。同年の有効回答数は538件（同
29.2%）であった。

2）調査対象者

　本稿ではまず，健康指標に関する分析に先立って，2010年と2015年調査の
比較から，食料品アクセスの変化が住民の買い物行動にどのような影響を及
ぼしたかを分析する。

　先に述べたように，調査地域では高齢化が進行しており，回答者全体に占
める65歳以上の高齢女性の割合は2015年において40.0%と高い水準であった。
このことから，調査地域における日常的な買い物の主体は高齢女性であり，
最も食料品アクセスの変化の影響を受けやすい主体であると考えられる。先
行研究においても，食料品アクセスが食生活や健康に及ぼす影響は世代や性
別で差があることが多く，本稿でも高齢女性に対象をしぼって分析を行った。

3）分析方法

　まず，高齢女性の買い物行動の変化を地区別に比較する。地区の区分は，最寄りの食料品スーパーから大字の中心点までの直線距離で500mを基準とし，2010年から継続して営業する食料品スーパーから500m未満の大字を西部，2015年に新規開店した食料品スーパーから500m未満の大字を東部，いずれの食品スーパーからも500m以上である大字を南部に区分した（**図2**）。

　さらに，2015年調査の高齢女性215件を対象に，食生活および健康に関する指標について，地区別および買い物行動別の差を分析した。それらをふまえ，店舗への距離や買い物行動が食生活や健康に影響を与えるという食料品アクセスの理論モデル（**図1**）を共分散構造分析により検証した。この理論モデルは，薬師寺（2015），高橋・薬師寺（2013），岩間（2013），浅川ら（2016）の一連の先行研究をもとに，店舗への距離の他，年齢や一緒に食べる人の有無などの個人属性が買い物行動に影響を及ぼし，さらに買い物行動が食品摂取の多様性得点（以下，多様性得点）などの食生活に関する指標に影響し，最終的にそれらが腹囲などの健康指標にも影響を与えると仮定した（註2）。また，個人属性は，食生活や健康に直接的な影響も同時に及ぼすと想定した。

3．分析結果

1）買い物行動の変化

　表1に，2010年調査と2015年調査の高齢女性の買い物行動に関する指標について地区別に示した。2010年調査では，最も利用する店舗として，GMSと回答した比率は，全体で20.9％を占めていたが，2015年には9.3％に低下し，

（註2）食品摂取の多様性得点は，食生活の多様性の指標として熊谷らが開発したもので，肉類，魚介類，卵類，牛乳，大豆・大豆製品，緑黄色野菜，海草類，いも類，果物，油脂類からなる10食品群で，それぞれの食品群をほぼ毎日摂取していれば1点とした合計得点。高得点ほど良好とされる（熊谷ら 2003）。

表1　地区別買い物行動（高齢女性）

	2010 年調査				2015 年調査			
	全体	東部	西部	南部	全体	東部	西部	南部
n（人）	304	98	143	63	191	73	85	33
年齢（歳）	74.6	75.0	74.3	74.6	74.3	74.1	74.3	74.7
買い物に苦労がある比率（%）	52.6	78.6	36.4	49.2	21.7	16.9	19.8	37.5
買い物頻度（日／週）	3.1	2.6	3.5	2.9	3.1	3.1	3.3	2.8
最も利用する店舗（%）								
食料品スーパー	74.8	64.6	86.0	63.5	87.7	94.4	84.0	90.9
GMS	20.9	31.3	9.8	31.7	9.3	2.8	11.1	9.1
その他	4.2	4.2	4.2	4.8	2.9	2.8	4.9	0.0
主な交通手段（%）								
徒歩	36.2	14.7	53.8	28.3	42.6	47.9	42.2	31.3
自転車	23.2	23.2	24.5	20.0	17.6	19.2	15.7	18.8
自動車（自分が運転）	15.8	17.9	12.6	20.0	19.7	13.7	21.7	28.1
自動車（家族が運転）	16.1	30.5	6.3	16.7	16.5	17.8	18.1	9.4
その他	8.7	13.7	2.8	15.0	3.7	1.4	2.4	12.5

註：2015 年調査の有効回答 215 のうち欠損値を除いた結果である。

逆に食料品スーパーの比率が上昇した（註3）。特に，食料品スーパーが新規開店した東部における変化が大きく，2010年調査では買い物に苦労のある比率が78.6％と高かったのに対し，2015年調査には同16.9％へと低下し，買い物頻度も2.6回/週から3.1回/週へと増加した（註4）。店舗までの交通手段も，徒歩で行く比率が14.7％から47.9％に上昇し，最も交通手段が限定される「その他」（バス・タクシー・その他など）の比率が13.7％から1.4％へと低下した。一方，南部では苦労があるとする比率が2010年調査で49.2％，2015年調査では37.5％と依然として高い水準のままとなっていた。

　表2に，高齢女性の交通手段別の買い物頻度と，最も近い食料品スーパーから調査対象者の住居（住居の回答がない場合は大字の中心点）までの道路距離（以下，店舗距離）を示した。東部に食料品スーパーが新規開店したこ

（註3）個人商店やコンビニエンスストアなどの，食料品スーパー以外の店舗を回答する住民もいたが，それらの割合は2010年が4.2％，2015年で2.9％と低い比率だった。

（註4）買い物に苦労がある比率は「あなたは普段，食料品の買い物で不便や苦労がありますか」に，「ある」「感じることがある」「あまりない」「全くない」の4段階から，「ある」「感じることがある」と回答した住民の比率であり，主観的な食料品アクセス指標である。

表2　交通手段別の買い物頻度

	買い物頻度（回／週）		店舗距離（m）	
	2010 年	2015 年	2010 年	2015 年
n（人）	302	189	302	189
徒歩	3.6	3.4	608	396
自転車	3.5	3.1	1,008	501
自動車等（自分が運転）	3.3	3.1	1,684	492
自動車（家族が運転）	2.2	2.2	1,915	492
その他	1.8	2.2	1,935	799
平均	3.1	3.0	1,208	465

註：2010 年の有効回答 308，および 2015 年の有効回答 215 のうち，それぞれ欠損値を除いた結果である。

とにより，店舗距離は全体では2010年の1,208mから2015年には465mに短縮しているものの，買い物頻度は3.1回から3.0回とほとんど変化がみられない。一方，交通手段別の買い物頻度をみると，徒歩ほど買い物頻度が高くなっているが，交通手段が限定されるその他は買い物頻度が低いという結果が示された。これらの結果から考察すると，東部において買い物頻度が高まったのは，徒歩での買い物の比率が上昇したためと考えられる。

2）健康指標の地区間の差

次に，2015年調査から食料品アクセス，買い物頻度，食生活および健康に関する指標との関係を分析した。まず，**表3**に2015年調査の分析対象である高齢女性の記述統計を示した。次に，地区別に，分散分析による平均値の差の検定を行った。

まず，買い物行動，食生活等に関する指標について，最寄りの食品スーパーまでの直線距離が500m以上である南部と，500m未満の地区（西部・東部）に分けて地区間の差をみた（**表4**）。

表3　記述統計（2015 年調査）

		n（人）	％
		215	100.0
年齢	65〜69 歳	62	28.8
	70〜75 歳	58	27.0
	75 歳以上	95	44.2
世帯員数	1 人（単身）	71	33.0
	2 人	92	42.8
	3 人以上	51	24.2
	欠損値	1	0.5
	誰かと一緒に食べない	63	29.3
	誰かと一緒に食べる	144	67.0
	欠損値	8	3.7
世帯主の就業形態	給与所得者	26	12.1
	自営業者	28	13.0
	年金生活者	129	60.0
	その他	4	1.9
	欠損値	28	13.0

表4　分析指標の平均値および地区間の差

		東部・西部	南部	
	n（人）	158	33	
	店舗距離（m）	399.8	787.5	**
個人属性	年齢（歳）	74.2	74.7	
	誰かと一緒に食べる（%）	72.7	51.5	*
買い物行動	交通手段が徒歩（%）	44.9	31.3	
	交通手段がその他（%）	1.9	12.5	**
	買い物に苦労がある（%）	18.4	37.5	*
	買い物頻度（回／週）	3.2	2.8	
食生活	バランスの良い食事をとっている（%）	84.6	66.7	*
	生鮮品を調理する頻度（日／週）	5.4	4.4	*
	多様性得点（点）	4.0	3.1	*
健康	自分が健康だと思う（%）	82.1	72.7	
	低栄養リスク得点（点）	0.97	1.29	†
	腹囲身長比（cm/cm）	0.56	0.54	
	活動能力指標（点）	11.9	11.1	*

註：1）** 1 %有意，* 5 %有意，† 10%有意を示す。
　　2）2015 年調査の有効回答 215 から欠損値を除いた結果である。

　まず，南部の特徴をみると，東部・西部と比較して店舗距離は有意に大きく，誰かと一緒に食べる比率が有意に低かった（註5）。また，買い物行動に関する指標についてみると，南部では交通手段がその他の比率が高く，買い物に苦労があるという比率が高かった。

　次に，食生活に関する指標についてみると，南部ではバランスの良い食事をとっていると自己評価する比率および，生鮮品を調理する頻度，多様性得点が有意に低かった（註6）。

　次に，健康に関する指標をみる。主観的健康感である自分が健康だと思う比率には有意な差がみられなかったが（註7），老研式活動能力指標の得点

（註5）誰かと一緒に食べるは，「あなたは普段，誰かと食事をしますか」という
　　　　設問に対し，「誰かと一緒に」「どちらかというと誰かと一緒に」「どちらかと
　　　　いうと1人で」「1人で」の回答から，「誰かと一緒に」「どちらかというと誰
　　　　かと一緒に」と回答した比率。本稿では，誰かと一緒に食べるという指標を，
　　　　個人属性である世帯員数と地域のソーシャルキャピタルの両者を反映する重
　　　　要な指標として用いる。
（註6）バランスの良い食事をとっている比率は「あなたは現在，バランスの良い
　　　　食事をとっていると思いますか」という設問に対し，「そう思う」「ややそう
　　　　思う」「あまり思わない」「思わない」の4段階から，「そう思う」「ややそう
　　　　思う」と回答した比率。

が5％水準で有意に低くなっており，高齢者の生活機能が南部で低い傾向が
あった（註8）。また，将来的に低栄養になる可能性を示す低栄養リスク得
点は，南部で高くなっていた（註9）。一方で，BMI，腹囲，腹囲身長比に
ついては有意な差はみられなかった。

3）食料品アクセスの食生活・健康への影響の理論モデルの検証

　ここでは，2015年調査の高齢女性を対象に，先に**図1**に示したような食料
品アクセスの食生活・健康への影響について，以下のような仮説にしたがっ
て理論モデルを構築し，共分散構造分析を行った。

【仮説1】 店舗への距離が短いほど，徒歩で買い物に行く比率が高まり，買
　　　　　い物頻度が増加する。

【仮説2】 買い物頻度が高いと食品摂取の多様性得点が高くなる。

【仮説3】 買い物頻度が高いほどまた多様性得点が高いほど，活動能力指標
　　　　　が高く，腹囲身長比が減少する。なお，健康に関する指標は，身長
　　　　　の影響を考慮するため，腹囲を身長で割った腹囲身長比を用いた。

【仮説4】 年齢が高いほど多様性得点は高く，腹囲身長比は大きくなり，活
　　　　　動能力指標は低下する。また，誰かと一緒に食べることは買い物頻
　　　　　度を高めるとともに，多様性得点も高くする。

（註7） 自分が健康だと思うは，「あなたは現在自分が健康だと思いますか」とい
　　　う設問に対し，「そう思う」「ややそう思う」「あまり思わない」「思わない」
　　　の4段階から，「そう思う」「ややそう思う」と回答した比率。

（註8） 老研式活動能力指標は，高齢者の高次の生活機能の評価を行なう簡便な指
　　　標で，手段的自立，知的能動性，社会的役割から構成される10の設問に「はい」
　　　と回答した場合を1点とした合計点数。得点が高いほど高齢者が健康である
　　　とされる（古谷ら 1987）。

（註9） 低栄養リスク得点とは，高齢者が将来低栄養になるリスクを事前に把握す
　　　る指標であり，得点が高いほどリスクが高いとみる。

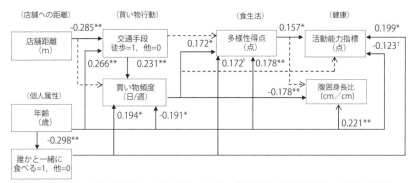

図3　共分散構造分析の推計結果

註：1）2015 年調査による分析である（n=215）。欠損値のあるサンプルは除外せず，多重代入法による推計で分析をおこなった。
　　2）適合度は，CFI=1.00, RMSEA=0.00, GFI=0.981, AGFI=0.902。
　　3）実線は10%水準で有意なパス，破線は10%水準で有意でないパスを示す。
　　4）数字は標準化係数を示す。**1%有意，*5%有意，†10%有意。
　　5）誤差変数は省略している。

　この推計には対角重み付き最小二乗法を用い，統計解析ソフトウェアR（lavaan）を活用した。分析結果をみると，店舗距離から買い物頻度，買い物頻度から活動能力指標のパスを除き，全てのパスが有意であり，モデルの適合度も良好であった（図３）。

　【仮説1】については，最も近い食料品スーパーまでの店舗距離が短いほど徒歩で買いに行く傾向があることが示された。店舗距離から買い物頻度への直接のパスは有意ではなく，店舗距離は交通手段を経由して買い物頻度に間接的に影響を与えており，前述した買い物頻度増加は徒歩で行く比率の上昇によるという仮説と整合性のある結果となっている。

　また，【仮説2】については，買い物頻度が高いほど多様性得点が上昇しており，【仮説3】についても，買い物頻度は多様性得点に，多様性得点は活動能力指標に有意なプラスの影響を与えていた。また，多様性得点は腹囲身長比に直接プラスの影響を与えていなかったが，買い物頻度から腹囲身長比のパスにマイナスの有意な影響があった。

　【仮説4】については，年齢が高いほど多様性得点は高く，活動能力指標

は低く，腹囲身長比は大きいという仮説が支持されている。また，誰かと一緒に食べることは，買い物頻度，多様性得点，活動能力指標の点数を上昇させており，先行研究と整合性のある結果であった（浅川・岩間ほか 2016）。

このように，分析結果からは，仮説に対し理論的に整合性のある結果が得られており，食料品スーパーまでの店舗距離が短いことで，徒歩で頻繁に買い物に行くようになり，それらが食生活や健康に影響を与えているという仮説が検証されたといえる。

また，影響力を示す標準化係数をみると，買い物頻度に対する交通手段が徒歩であることによる影響力は0.231であり，年齢が及ぼす影響力の-0.191と同程度の絶対値であった。同様に，腹囲身長比に対する買い物頻度が与える影響力は－0.178であり，年齢による影響力の0.221と同程度の絶対値であった。すなわち，交通手段といった食料品アクセスによる指標の影響力が，個人属性である年齢の影響力とほぼ同程度であり，食料品アクセスの改善により，加齢等によるマイナスの影響をある程度補う可能性があることを示唆している。

4．考察

本稿の課題は，福島県白河市の中心市街地で行った2010年調査および2015年調査における住民調査の事例をもとに，食料品アクセスが個人の食生活や健康に与える影響についてあきらかにすることであった。

まず，分析対象地域の食料品アクセスと買い物行動の変化について分析を行ったところ，中心市街地への食料品スーパーの新規出店により買い物に苦労がある住民が大きく減少するとともに，徒歩で買い物に行く住民が増加した。特に，こうした動きが顕著であったのは高齢女性であった。東部では，食料品スーパー開店以前，交通手段として徒歩以外（自動車，バス，タクシーなど）の比率が高く，買い物頻度が低かった。しかし，食料品スーパーの新規開店後には，交通手段として徒歩での比率が増加するとともに買い物頻

度の増加が確認されている。これらの変化は，自動車の利用が一般的といわれる地方都市であっても，可能であれば徒歩でこまめに買い物に行きたいという潜在的な希望をもつ高齢女性が一定割合存在している可能性を示唆している。

　これらをふまえ，2015年調査の高齢女性を対象に，食料品アクセスと食生活や健康に関する指標との関連について分析を行った。地区間を比較した結果，多様性得点などの食生活に関する指標には有意な差があり，相対的に食料品アクセスの不便な南部が，他の地区と比較して低い傾向があった。一方で，健康指標に関しては地区間で明確な差は確認されなかった。これらの理由を考察すると，食料品アクセスが健康に与える影響力が絶対値としては小さく，影響が長期的に蓄積されるまで顕在化しにくいという可能性がある。

　食料品アクセスが買い物行動に，さらに買い物行動が食生活に，食生活が健康に影響を与えているという因果関係の理論モデルを共分散構造分析によって検証したところ，仮説に対し理論的に整合性のある結果が得られた。年齢や一緒に食べる人の有無などの個人属性を除いても，店舗距離の短さが徒歩での買い物を促し，買い物頻度の増加に有意なプラスの影響を与えていた。さらに，買い物頻度の増加が食生活の指標である多様性得点の上昇と腹囲の減少に有意に影響を与えていた。つまり，店舗距離といった客観的な食料品アクセスから健康指標への直接の影響は確認されなかったものの，店舗距離は買い物行動や食生活を経由して，最終的には健康に影響を及ぼすという理論モデルが実証されたといえる。

　これらの結果から示唆される点を述べると，店舗の開店により高齢女性が徒歩で頻繁に買い物に行くようになった結果，食生活や健康に良い影響が生じる可能性が考えられる。白河市における食品スーパーの誘致による食料品アクセスの改善は，長期的には住民の食生活や健康を改善する可能性があると考察できる。

　これまでの先行研究においては，食料品アクセスと住民の食生活の関連が必ずしも明示的ではなかったが，本研究で高齢女性において食料品アクセス

が食生活や健康に与える影響が確認された。食料品アクセス問題において，日々の買い物や調理の主体であることが多い高齢女性に注目することは，今後の研究においても重要といえるだろう。

　また，高齢男性においては，孤食や調理ができないことへの対策として配食サービスや共食などの支援の重要性が指摘されているが（岩間 2013; 薬師寺 2015），高齢女性においては移動販売や店舗の維持，買い物バスの充実など，自力で買い物に出かけやすくなるような支援の重要性も高いと考えられる。

　これまで食料品アクセス問題の対策として，中山間地域などでは買い物バスや移動販売などが，地方都市においては店舗の誘致や商店街の活性化などの対策が取り組まれており（高橋・薬師寺 2013），白河市においても街なかへの回遊促進などの施策が実施されている。こうした方向性は，高齢者の外出支援などの福祉政策の視点からみても重要といえるだろう。

　［付記］
　本章は，大橋他（2019）を再構成し，加筆・修正したものである。

引用文献

浅川達人・岩間信之・田中耕市・駒木伸比古（2016）「地方都市におけるフードデザート問題―都市・農村混在地域における実証研究―」『日本都市社会学会年報』34：1-13。https://doi.org/10.5637/jpasurban.2016.93

Fitzpatrick, K., N. Greenhalgh-Stanley, and M. Ver Ploeg（2016）The Impact of Food Deserts on Food Insufficiency and SNAP Participation among the Elderly, *American Journal of Agricultural Economics* 98（1）：19-40. https://doi.org/10.1093/ajae/aav044

古谷野亘・柴田博・中里克治ほか（1987）「地域老人における活動能力の測定―労研式活動能力指標の開発」『日本公衆衛生雑誌』34（3）：109-114。

Gustat. J. et al.（2015）Fresh Produce Consumption and the Association between Frequency of Food Shopping, Car Access, and Distance to Supermarkets, *Preventive Medicine Reports* 2: 47-52. https://doi.org/10.1016/j.pmedr.2014.12.009

International Diabetes Federation（2006）The IDF Consensus Worldwide

Definition of the Metabolic Syndrome, *The IDF Consensus Worldwide Definition of the Metabolic Syndrome* 28: 1-24.

石川みどり・横山徹爾・村山伸子（2013）「地理的要因における食物入手可能性と食物摂取状況との関連についての系統的レビュー」『栄養学雑誌』71（5）：290-297。https://doi.org/10.5264/eiyogakuzashi.71.290

岩間信之（2013）『フードデザート問題：無縁社会が生む「食の砂漠」 改訂新版』農林統計協会。

岩間信之・田中耕市・駒木伸比古・浅川達人・池田真志（2016）「地方都市における低栄養リスク高齢者集住地区の析出と移動販売車事業の評価―フードデザート問題研究における買い物弱者支援事業の検討」『地学雑誌』125（4）：583-606。https://doi.org/10.5026/jgeography.125.583

岩間信之・浅川達人・田中耕市・駒木伸比（2015）「高齢者の健康的な食生活維持に対する阻害要因の分析―GISおよびマルチレベル分析を用いたフードデザート問題の検討―」『フードシステム研究』22（2）：55-69。https://doi.org/10.5874/jfsr.22.55

熊谷修・渡辺修一郎・柴田博ほか（2003）「地域在宅高齢者における食品摂取の多様性と高次生活機能低下の関連」『日本公衆衛生雑誌』50（12）：1117-1124.https://doi.org/10.11236/jph.50.12_1117

村山伸子（2014）「健康格差とフードシステム」『フードシステム研究』21（2）：77-86。https://doi.org/10.5874/jfsr.21.77

大橋めぐみ・高橋克也・菊島良介・山口美輪・薬師寺哲郎（2017）「高齢女性の食料品アクセスが食生活と健康におよぼす影響の分析―地方都市中心市街地における食品スーパー開店後の住民調査より―」『フードシステム研究』（24）2：61-71。https://doi.org/10.5874/jfsr.24.2_61

高橋克也・薬師寺哲郎（2013）「食料品アクセス問題の実態と市町村の対応―定量的接近と全国市町村意識調査による分析から―」『フードシステム研究』20（1）：26-39。https://doi.org/10.5874/jfsr.20.26

Taylor R. and Villas-boas S. B.（2016）Food store choices of poor households: a discrete choice analysis of the National household Food Acquisition and Purchase Survey（Food APS）, *American Journal of Agricultural Economics* 98（2）：513-532. https://doi.org/10.1093/ajae/aaw009

Thomsen, M., R. Nayga, P. Alviola, and H. Rouse.（2016）The Effect of Food Deserts on the Body Mass Index of Elementary Schoolchildren, *American Journal of Agricultural Economics* 98（1）：1-18. https://doi.org/10.1093/ajae/aav039

豊田秀樹編（2007）『共分散構造分析：構造方程式モデリング　Amos編』東京図書。

USDA（2009）*Access to Affordable and Nutritious Food : Measuring and*

Understanding Food Deserts and Their Consequences Report to Congress, USDA. 10.22004/ag.econ.292130

Wrigley N et.al. (2003) Deprivation, diet, and food-retail access: finding from the Leeds 'food deserts' study, *Environment and Planning A* 35: 151-188. https://doi.org/10.1068/a35150

薬師寺哲郎編（2015）『超高齢社会における食料品アクセス問題—買い物難民，買い物弱者，フードデザート問題の解決に向けて』ハーベスト社。

山田剛史・杉澤武俊・村井潤一郎（2008）『Rによるやさしい統計学』オーム社。

吉葉かおり・武見ゆかり・石川みどり・横山徹爾・中山友樹・村山伸子（2015）「埼玉県在住一人暮らし高齢者の食品摂取の多様性と食物アクセスとの関連」『日本公衆衛生雑誌』62（12）：707-718。https://doi.org/10.11236/jph.62.12_707

終章
食料品アクセス問題の拡がりと課題

高橋 克也

　最後に，各章を要約し振り返りながら，現在の食料品アクセス問題の拡がりと残された課題について整理していきたい。

　第1部「食料消費の動向と食品摂取」では，食料品アクセス問題の前提となる需要および消費の全体像をあきらかにした。ひとつは，我が国の高齢化が進行する中で，食料消費が今後どの様な方向に向かうのかを明らかにすることであった。第2は，食料消費における食事形態に着目し何をどう食べるかと食品摂取の関連である。第3は，食料消費における店舗選択について，すなわち食料品をどこで購入したかという小売店舗選択と食品摂取の関連である。

　第1章「食料消費の現状と将来見通し」では，食料品アクセス問題を論じる前段階として，食料消費の現状と将来見通しについて『家計調査』など統計調査を基に推計モデルから検証した。我が国では少子高齢化と同時に単身世帯が急速に拡大しており，これらが食料消費に与える影響は食料品アクセス問題の基礎的な条件となる。分析の結果から将来の食料消費において，高齢者人口の増加は生鮮食品の消費を増加させるのに対し中食・外食を減少させることが示された。一方で，コーホート効果や時代効果といった時代環境の変化は生鮮食品を減少させるものの中食・外食を増加させており，将来の我が国の食料消費においては食の外部化が更に進行することが確認された。

　第2章「中食消費と食品摂取」では，食料消費のミクロ・個人の側面に着目し，ネット調査を基に食事形態と食品や栄養素摂取に着目した分析を行っている。将来的にも拡大が予想される中食であるが，主食やおかずなど具体

的な中食の種類別に栄養素摂取に及ぼす影響を確認すると，中食（主食）頻度は炭水化物エネルギー比に対して正の影響であるのに対し，逆に中食（おかず）頻度は炭水化物エネルギー比に対して負の影響を及ぼすことが確認された。同時に，内食頻度が高いほど野菜摂取量や脂質エネルギー比を増加させ，食塩相当量や炭水化物エネルギー比を減少させる点も確認され，内食が健康的な食生活に繋がる点が示唆された。また，年齢や食費といった個人特性が栄養素摂取に及ぼす影響も大きく，年齢が食事形態の選択を経由して栄養素摂取に影響するとともに，食費が脂質や炭水化物エネルギー比の減少に直接影響していることが明らかになった。

　第3章「小売店舗選択と食品摂取」において，これまで食料品アクセス問題では店舗までのアクセス条件が重要視されてきたが，個人を起点とした食環境を想定した場合，どの店舗で購入するかによって個人の食品摂取は大きく異なる。全国規模の大規模調査をデータとした分析結果から，小売店舗の選択には年齢や性別，世帯類型などの個人属性が強く影響しており，小売店舗によって食品摂取の頻度が異なることが確認された。具体的には，コンビニは低年齢層や有職，単独世帯での利用傾向が高く，食品摂取では食事の主菜や副菜になる肉類，魚介類，乳製品などと有意な関係が確認された。これら研究から，食環境として小売店舗の重要性があらためて確認され，食環境の整備によって個人の食生活や健康・栄養状態を大きく改善できる可能性が考えられる。

　第2部「食料品アクセスマップの推計」では，マクロおよび供給視点からの分析としてアクセス困難人口の基礎となる食料品アクセスマップの推計方法とその応用について解説した。第1に食料品アクセスマップの推計方法の見直しであり，第2にこれらアクセス条件に大きく影響する高齢者の自動車の利用実態であった。また第3には将来のアクセス困難人口を推計する試みである。

　第4章「新たな食料品アクセスマップ推計と動向」では，新たなアクセスマップとして，65歳以上の高齢者を対象に店舗まで500m以上で自動車の利

用が困難な高齢者を「アクセス困難人口」と定義した。また，対象店舗とし
て新たにコンビニエンスストアを加えるとともに，自動車利用についても世
帯から個人単位の利用率にあらためるなどより実態の近い推計方法の改定を
行った。新たな食料品アクセスマップによって，我が国のアクセス困難人口
が一貫して増加傾向にあることが確認された。一方で，これらアクセス困難
人口が65歳以上人口に占める割合は低下傾向にあり，地域別には三大都市圏
での増加と地方圏での頭打ち・減少という対照的な動きも確認された。同時
に，アクセス困難人口のうち75歳以上の後期高齢者の占める割合が，2015年
では全国で既に6割を超えるなど，食料品アクセス問題の中心が後期高齢者
にシフトしていることが確認されている。

　第5章「高齢者の自動車利用状況の推計と課題」では，アクセス困難人口
の基礎となる食料品アクセスマップにおける高齢者の自動車利用について検
討した。ここでは，総務省統計局『全国消費実態調査』の調査票情報から，
高齢者の自動車利用の状況をより実態に近い形で推計をした。推計結果では，
高齢者の自動車利用可能率は年々高まっているとともに，同時に自動車所有
率と自動車依存率も傾向として高まっていることが明らかになった。同時に，
これら推計値は都道府県別に大きな格差があるとともに，高齢者の自動車利
用可能率には自動車所有率や若年層との同居率が強く影響していることが確
認された。自動車の利用可能性は食料品へのアクセス条件を大きく改善し，
買い物の利便性向上につながる。一方で，高齢者による自動車事故が年々増
加している点を考慮すれば，自動車に依存しない食環境の整備・構築が重要
な課題になる。

　第6章「2025年アクセス困難人口の予測」であるが，新たな食料品アクセ
スマップから我が国のアクセス困難人口は2005年から2015年にかけて一貫し
て増加しており，なかでも都市部への集中と75歳以上の後期高齢者の増加が
著しいことが確認された。同期間のアクセス困難人口の変化率を要因別にみ
ると，最も大きいのが高齢者人口の増加を示す人口要因であり，次いで店舗
等要因であったのに対し，自動車要因がマイナスであることが確認された。

ここで『日本の地域別将来推計人口』（2018年推計）を人口要因とし，店舗
等および自動車要因についてはそれぞれ2015年値を固定値として，2025年の
アクセス困難人口を予測している。2025年のアクセス困難人口は全国で
871.9万人であり，2015年から5.7%増加することが推計された。一方で，こ
れら推計値は将来推計人口の外挿値であり，店舗の減少傾向が継続する場合
や高齢者の自動車利用が高まる場合などは大きく変化する可能性も考えられ
ることが示された。

　第3部「食料品アクセスと健康・栄養」は，食料品アクセスと食料消費の
関連に焦点をあてた。食料品アクセス問題が高齢者の健康や栄養に密接に関
連していることは，これまでの筆者らの研究からも明らかになっている。こ
こで個人を起点とした「食環境」から食料品アクセス問題を捉えれば，食品
摂取および栄養摂取とは個人の食環境の評価としての側面を持っている。こ
れら評価の一般性という点においては，より大規模なデータ等による検証が
重要になる。第1に公的統計による食料品アクセスと食品摂取の関連の検証
であり，第2に食料品アクセスの評価方法の違いによる食品摂取の関連であ
る。第3には，食料品アクセス問題において有効な対策となる買い物サービ
スの利用と食品摂取の関連を確認している。

　第7章「国民健康・栄養調査からみた食料品アクセス問題」では，公的統
計の個票データを用いた分析において，主観的なアクセス困難者が炭水化物
の摂取に偏る傾向があらためて確認された。アクセス困難者の炭水化物摂取
の偏りはこれまでも住民調査等からも確認されていたが，これら分析結果は
大規模な公的統計を基にしているとともに，栄養素間の代替関係を考慮した
上で確認された頑健性の高い結果であることは極めて強い意味を持っている。
なぜなら，アクセス困難者の食生活は個人の嗜好や価格の問題ではなく，個
人では対応できない食環境から規定される要因と見なすことが出来るからで
ある。この点では，第3章とも関連して個人の食生活の改善には食環境の整
備が重要であり，事業者のみならず行政や住民組織などフードチェーンを構
成する各主体間での連携や協力が不可欠であることが示唆される。

　第8章「食料品アクセスの評価方法と生鮮食品摂取」では，距離といった客観的評価だけでなく食料品入手のしやすさを主観的評価として生鮮食品摂取との関連を確認している。具体的には，高齢者の食料品アクセスの主観的評価および客観的評価を用いて，野菜・果物，肉・魚の摂取頻度との関連について調査した。その結果，主観的評価と客観的評価には不一致が確認され，都市・郊外でその傾向が明らかであった。なお，これら結果は横断的調査のため長期的な健康への影響は不明であるが，高齢者が食料品を買いやすい環境作りすなわち食環境としての整備が重要と考えられる。

　第9章「買い物サービス利用と食品摂取」では，食料品アクセス問題を緩和する可能性としての買い物サービスが食品摂取の多様性に及ぼす影響について分析を行っている。分析結果から，宅配や移動販売などの買い物サービスは家族人数が多い世帯や山間農業地域などで多く利用されているが，実際に買い物が不便とする人の買い物サービス利用はおよそ半数にとどまっており，これら事業の採算性や継続性が厳しいことを裏付ける結果となった。同時に，買い物が不便でも買い物サービス利用によって食品摂取の多様性が維持されることも確認された。さらに，買い物が不便とする高齢者において，買い物サービス利用者が非利用者と比較して緑黄色野菜の摂取頻度が有意に高かったことから，買い物サービスの有効性が示されたと言える。緑黄色野菜は相対的に嵩があり重く運びにくいものが多いことから，買い物サービスを利用して購入していることが示唆される。この点では地域の食料品アクセス問題の解決，すなわち食環境の整備においては移動販売や宅配などの多様な買い物サービスも考慮すべき重要な視点であることが示唆される。

　第4部「食料品アクセスと住民の健康」では，地域での住民視点からの食料品アクセスと健康や栄養の関連について明らかにした。まず第1は農山村地域での食料品アクセスと食品・栄養素摂取の関係の確認であり，第2は空洞化が進行した地方都市の中心市街地に新規出店した食料品スーパーの食品摂取に及ぼす影響である。

　第10章「農山村における高年齢者の健康・食生活」においては，農山村地

域における高年齢者の食料品アクセスの主観的評価と栄養素摂取量との関連を分析した。その結果，60歳以上の男性における買い物の苦労は脂質摂取量および脂質エネルギー比が有意に低いのに対し，炭水化物エネルギー比は有意に高いことが示された。一方，女性では総エネルギー摂取量や栄養素摂取量に差はみられなかったが，苦労ありのIADLが有意に低かった。加えて，苦労ありでは高齢層の割合が有意に高く，女性における高齢層のフレイルが主観的な食料品アクセスの困難さに関わっている可能性が示された。

第11章「地方都市における高齢女性の食生活と健康」では，空洞化の進んだ地方都市の中心市街地で行った2010年および2015年の住民調査を基にした分析である。同地域では，食料品スーパーの新規出店によって住民の買い物の苦労が大きく減少するとともに，徒歩で買い物をする住民が増加した。共分散構造分析から，買い物行動が食生活を経由して最終的に食生活が健康に影響を与えているという理論モデルが実証されている。食料品スーパーの新規出店によって，長期的には住民の食生活や健康を改善する可能性が示された。

以上，各章の総括であるが，最後に残された課題について今後の展望を踏まえながら簡潔に触れておきたい。本書全体を通じて確認されたのは，我が国の高齢者人口の増加に伴う食料消費，供給面での構造的な変化であり，その一端として食料品アクセス問題の重要性があらためて再確認されたことである。筆者らが食料品アクセス問題を定義してからおよそ10年が経過するが，食料品アクセス問題の性格が当初は買い物といった流通経済に限定されていた問題から，食品摂取を通じた個人の栄養や健康問題に拡大し，さらには店舗など拠点喪失によるコミュニティ存続に関わる地域問題として問題の複雑性が強化されたと言える。

第6章でも確認したとおり，我が国のアクセス困難人口は今後とも増加するとみられ，都市部や75歳以上の後期高齢者においてより深刻化すると予想される。その中で，第1章で示されたとおり，我が国の食料消費は調理を前

提とした生鮮食品，すなわち内食から中食や外食にシフトするとみられており，これら食の外部化が食料品アクセス問題に今後どの様な影響を及ぼすのか検討する必要がある。

　食料品アクセス問題における食の外部化の影響は大きく2つの要因が考えられる。ひとつは，供給面として中食や外食を販売・提供する店舗やサービスをどの様に評価するかであり，居住地から店舗までの距離以外の要因についても考慮しなくてはならない。特に，食料品の購入形態が店舗への来店から，ネットでの注文・配達を前提とした形態に大きくシフトしていることを考えれば，店舗だけでなく最終的な「食」へのアクセス条件について再検討する必要がある。

　食の外部化におけるもうひとつの影響とは需要面であり，中食や外食の拡大による消費構造の変化と食品および栄養摂取の関連である。部分的には第2章でも示されているが，食料品アクセス問題で対象とする高齢者において，中食や外食消費の増加が食品・栄養摂取にどの様に影響・評価されるかとともに，それらが健康に与える影響についても長期的に検討を加える必要がある。

　食料品アクセス問題において残された課題は更なるエビデンスの検証である。これまでは，比較的狭いエリアを対象に食品や栄養摂取，健康面でのエビデンスを検証してきたが，本書において第10章では農山村で，第11章では空洞化が進行した中心市街地など，多様な地域や年代においても検証が重ねられた。なかでも，第7章および第8章で示された様に全国的な大規模データにおいても明確なエビデンスが検証されたことは食料品アクセス問題において大きな意味を持っている。なぜなら，食料品アクセス問題が狭い地域や特定の年代に限定された事象ではなく，個人や地域のおかれた食環境の要因として一般化できる可能性があるからである。

　この点において，食料品アクセス問題の残された課題とは食環境の視点からの分析・検証である。第3章でもみたように，食料品アクセスは食環境を構成する重要な要因であり，同時に食品や栄養摂取は食環境の評価指標とし

ての側面を持っている。また，第9章では買い物サービスの有効性も確認されており，この様な各種対策や取り組みが地域全体での食環境の整備として最終的な食料品アクセス問題の緩和や解決に寄与するとみられる。

【追記】

本書は，科研費「新たな食料品アクセスマップによる超高齢社会での食生活改善に向けた実験的介入研究」（18K05856）による研究成果である。

【編著者】

高橋克也（たかはし　かつや）第4，6章，終章

　1964年生まれ。山形大学理学部卒業。農業総合研究所，農業研究センター，国連世界食糧農業機構（在ローマ），政策研究大学院大学を経て，農林水産政策研究所総括上席研究官。博士（学術）。

　最近の業績：（竹西らと共著）「医療被ばくに関するリスク情報の記憶」『保険物理』55（2），2020年。「都市部における食料品アクセス問題の現状と将来」『都市計画』340号，2019年。

【執筆者】（執筆順）

八木浩平（やぎ　こうへい）第1，2章

　1985年生まれ。東北大学大学院農学研究科修了，博士（農学）。農林水産政策研究所研究員。

　主な業績：「首都圏在住の成人男性における食品群・栄養素摂取の関係」『フードシステム研究』26（1），2019年。

薬師寺哲郎（やくしじ　てつろう）第1，4，5，6章

　1955年生まれ。東京大学農学部卒業。農林水産省，農業総合研究所（現農林水産政策研究所）を経て，中村学園大学栄養科学部フード・マネジメント学科教授。

　主な著書：薬師寺・中川編著『フードシステム入門』2019年，建帛社。薬師寺編著『超高齢社会における食料品アクセス問題』2015年，ハーベスト社。

伊藤暢宏（いとう　のぶひろ）第3章

　1991年生まれ。東京大学大学院農学生命科学研究科修了，博士（農学）。農林水産政策研究所研究員。

　主な業績：「直接コミュニケーションが見学後の見学者意識に与える影響」『フードシステム研究』24（3），2017年。

池川真里亜（いけがわ　まりあ）第4, 6章

1986年生まれ。筑波大学大学院生命環境科学研究科修了，博士（学術）。農林水産政策研究所を経て，現在，麗澤大学経済学部助教。

最近の業績："Location choice for Japanese frozen food industry in East Asia using domestic market access with the penetration rate of refrigerators" *The Annals of Regional Science*, 61（2），2018.

菊島良介（きくしま　りょうすけ）第7, 9章

1986年生まれ。東京大学大学院農学生命科学研究科修了，博士（農学）。農林水産政策研究所を経て，現在，東京農業大学国際食料情報学部助教。

主な業績：「農産物直売所の空間的競争」『農業経済研究』88（4），2017年。

山口美輪（やまぐち みわ）第8, 10章

1983年生まれ。徳島大学大学院医科学教育部修了，博士（医学）。徳島大学大学院医歯薬学研究部特任助教等を経て，現在，国立健康・栄養研究所国際栄養情報センター国際栄養戦略研究室長

主な業績：食事と非感染性疾患との関連を中心とした疫学研究。*Int J Environ Res Public Health. 2019; Int J Environ Res Public Health. 2019; J Epidemiol. 2019; J Occup Health. 2018; BMC Public Health. 2018*

大橋めぐみ（おおはし　めぐみ）第11章

1975年生まれ。東京大学教養学部卒業。東北農業研究センターを経て，農林水産政策研究所主任研究官。学術博士（人文地理学）。

最近の業績：「農業生産関連事業の継続要因」『農業経済研究』92（2），2020年。

食料品アクセス問題と食料消費，健康・栄養

2020年12月10日　第1版第1刷発行

編著者　　高橋 克也
発行者　　鶴見 治彦
発行所　　筑波書房
　　　　　東京都新宿区神楽坂2－19 銀鈴会館
　　　　　〒162－0825
　　　　　電話03（3267）8599
　　　　　郵便振替00150－3－39715
　　　　　http://www.tsukuba-shobo.co.jp

定価はカバーに示してあります

印刷／製本　平河工業社
© 2020 Printed in Japan
ISBN978-4-8119-0583-9 C3033